小布丁帶你遊中國

中華教育

目錄

中國省份／地區簡稱

黑龍江（黑）	黑	安徽（皖）	皖	四川（川）	川
吉林（吉）	吉	江蘇（蘇）	蘇	雲南（雲）	雲
遼寧（遼）	遼	上海（滬）	滬	西藏（藏）	藏
河北（冀）	冀	浙江（浙）	浙	青海（青）	青
北京（京）	京	福建（閩）	閩	新疆（新）	新
天津（津）	津	台灣（台）	台	甘肅（甘）	甘
山東（魯）	魯	香港（港）	港	寧夏（寧）	寧
河南（豫）	豫	澳門（澳）	澳	內蒙古（蒙）	蒙
山西（晉）	晉	廣東（粵）	粵		
陝西（陝）	陝	海南（瓊）	瓊		
湖北（鄂）	鄂	廣西（桂）	桂		
湖南（湘）	湘	貴州（貴）	貴		
江西（贛）	贛	重慶（渝）	渝		

中國的省份有簡稱，就像我們有暱稱一樣喔！

⚠ 有些省份有多個簡稱，且內蒙古通常為與蒙古國區別開來而簡稱為「內蒙古」，本書統一沿用車牌號上的簡稱，對各省份地區進行標識。

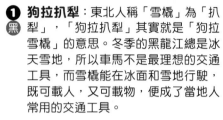

❶ 狗拉扒犁：東北人稱「雪橇」為「扒犁」，「狗拉扒犁」其實就是「狗拉雪橇」的意思。冬季的黑龍江總是冰天雪地，所以車馬不是最理想的交通工具，而雪橇能在冰面和雪地行駛，既可載人，又可載物，便成了當地人常用的交通工具。

Q₁ 狗拉雪橇有甚麼要求？
並不是所有的狗都可以拉雪橇，只有經過訓練的大型雪橇犬才可以。通常，每隻成年的雪橇犬可以拉動 25 至 30 千克的物品，超過這個重量牠可能就拉不動啦！

❷ 北極村：中國最北的村鎮，位於黑龍江省漠河縣，是觀測北極光的絕佳地點。

❸ 極光：自然界中一種絢麗多彩的發光現象，通常出現在高緯度地區。

❹ 冰球：起源於加拿大的冰上集體運動。

❺ 大慶油田：中國著名的油田之一。

❻ 東北菜：中國特色菜系之一。東北菜有着一菜多味、鹹甜分明、用料廣泛等特點。

❼ 陀螺：中國民間最早的娛樂玩具之一，東北人將其稱作「冰尜（gá）」。

❽ 聖索菲亞教堂：哈爾濱市的標誌性建築，是一座始建於 1907 年的東正教教堂。

❾ 紫貂：紫貂的皮毛被稱為「貂皮」。在中國，紫貂主要產於東北地區。

哇，冷得把梨都凍住了！

凍水果

這些是專門凍過的水果，是黑龍江的特色。凍花紅、凍梨和凍柿子被稱為「東北凍三樣」呢！

雪貂

狍子

雪蛤

Q₂ 為甚麼東北人冬天也吃冰棍兒？

中國北方將雪條稱為「冰棍兒」，雖然東北的冬天屋外冰天雪地，但屋內普遍裝有暖氣，因此溫暖如春，這讓東北人養成了在冬天吃冰棍兒的習慣。

⑩ 東北三寶：東北的三種土特產，有新舊兩種說法。舊「東北三寶」指的是人參、貂皮、烏拉草，新「東北三寶」指的是人參、貂皮、鹿茸。

Q₃ 烏拉草為甚麼能名列舊「東北三寶」？

烏拉草具有去味、抗菌的功效，且韌性好，兼具保暖防寒的作用。所以，以前的東北人經常用它來做草鞋或墊在鞋裏保暖。

⑪ 冰雕：以冰為主要材料來雕刻的作品，配上燈光特效，美輪美奐，令人神往。

⑫ 大興安嶺：內蒙古高原與松遼平原（黑）的分水嶺，位於中國最北部。

⑬ 烏蘇里江：黑龍江的支流，中國與（黑）俄羅斯的界河。

5

❶ 三江濕地：東北亞鳥類遷徙的重要通道、停歇地和繁衍棲息地。
（黑）

❷ 丹頂鶴：因頭頂有一塊鮮紅的斑而得名。

❸ 黑龍江：中國四大河流之一，也是世界十大河流之一。
（黑）

❹ 松花江：黑龍江最大的支流。
（黑）

❺ 長白山：橫亙於東北三省與朝鮮邊境，是一座休眠火山。山上有奇特的山峯、氣勢磅礴的飛流瀑布、巨大的高山湖泊、一望無際的原始森林和珍貴的動植物，這一切都使長白山成為了一座天然的博物館。

❻ 錦江大峽谷：一條「V」字形的大峽谷，被譽為「火山天然熔岩盆景園」。
（吉）

❼ 梅花鹿：因為身上遍佈形似梅花的斑點，所以被叫做「梅花鹿」。

❽ 東北虎：也叫「西伯利亞虎」，現存體重最大的肉食性貓科動物，有「叢林之王」的美稱。

Q₁ 為甚麼東北虎會變成瀕危動物？
大約 100 多年前，東北虎廣泛分佈於中國東北和俄羅斯遠東地區。後因人們大肆砍伐林木，破壞了東北虎的生存環境，使他們的種群數量急劇減少。

❾ 查干湖：蒙古語為「查干淖爾」，意為「白色聖潔的湖」，是中國十大淡水湖之一。冬天在查干湖上捕魚是一種古老的鑿冰漁獵的方式。
（吉）

猴頭菇　野豬　攀登雪山　滑雪　雪兔　猞猁

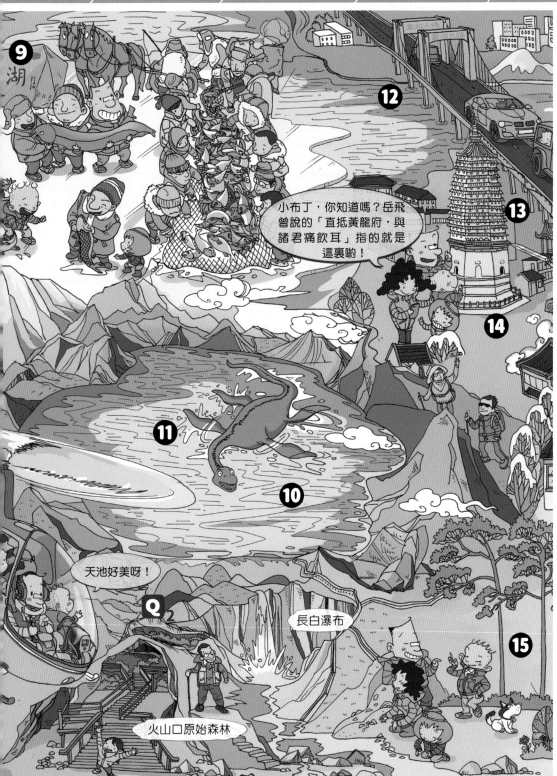

⑩ 長白山天池：由噴發後的火山積水形成，是中國最深的湖泊。因為所處的位置非常高，所以被稱為「天池」。

⑪ 天池怪獸：相傳生活在長白山天池中的神秘怪物，清代時就有相關記載，至今仍然是個謎。

Q₂ 為甚麼地下會有森林？

在很久很久以前，原始森林所處的地方是一座火山，火山噴發後形成了一個凹陷的火山口。火山口內壁的岩石經過長期風化剝蝕，與火山灰一起變成了肥沃的土壤。在這片土壤的孕育下，火山口的內壁上漸漸長滿了樹，久而久之便形成了森林。

⑫ 吉林霧凇大橋：吉林市第一座自錨式混凝土懸索橋。

⑬ 黃龍府：位於今天吉林省的農安縣，歷史名城之一，遼金兩代軍事重鎮和政治經濟中心。

⑭ 農安遼塔：遼代黃龍府遺留至今的建築。

⑮ 美人松：長白山上特有的物種。它的形態婀娜多姿，隨風搖曳時很像翩翩起舞的美女，所以得名「美人松」。

❶ 岳飛抗金：南宋初年，金軍南下，岳飛帶領岳家軍英勇抵抗，多次從金軍手中收復了失地。
（遼）

❷ 朝鮮族：歷來以能歌善舞著稱於世，被稱為「歌舞的民族」。吉林延邊是中國唯一的朝鮮族自治州和最大的朝鮮族聚居地區。
（吉）

❸ 象帽舞：相傳原本是古代的朝鮮族人民在耕作時用來驅趕野獸的方法，後來演變成了節慶舞蹈。
（吉）

❹ 打糕：朝鮮族的傳統小吃，也叫「米糕」，蘸蔗糖、花生粉等一起食用。
（吉）

❺ 辣白菜：朝鮮族的一種佐餐小菜。
（吉）

❻ 興城古城：一座方形衛城，設有東南西北四門，是中國目前保存最完整的四座明代古城之一。
（遼）

❼ 中華龍鳥化石：非常稀有的化石，發現於遼西「熱河生命群」。化石上的中華龍鳥其實並不屬於鳥類，而是一種小型食肉恐龍。
（遼）

Q₁ 為甚麼在遼寧會找到化石？
（遼）
遼西地區是整個「熱河生命群」分佈的中心。這一地區完整地保存了許多白堊紀時期的古生物化石。

❽ 霧凇：也叫「樹掛」。霧凇是天氣寒冷時霧凍結在樹木的枝葉上形成的白色鬆散冰晶。

❾ 白沙灣：被譽為「遼東第一灘」。因為白沙灣盛產仙桃，所以又被譽為「東北第一桃鄉」。
（遼）

霧凇長廊

赤狐

⑩ 渤海：中國的內海，被遼寧省、河北省、天津市、山東省環繞，經渤海海峽與黃海相通。

⑪ 紅海灘：鹼蓬草是一種可以在鹽鹼土質上存活的草。每年秋天都是鹼蓬草生長最旺盛的時候，廣闊的淺灘被紅火的鹼蓬草覆蓋，場面極為壯觀。

⑫ 黑臉琵鷺：其扁平如湯匙的長嘴與琵琶非常相似，因此得名「黑臉琵鷺」。又因其姿態優雅，也被人們稱為「黑面天使」或「黑面舞者」。

⑬ 沈陽故宮：清代初期的皇宮。

⑭ 星海廣場：亞洲最大的城市廣場。大連市的城市標誌之一。

⑮ 二人轉：一種流行於東北地區的民間藝術形式。

⑯ 黃海：遼寧、山東、江蘇三省都瀕臨黃海。曾有一段時間，黃河直接注入此片海域，河中堆積的大量泥沙將海洋近岸的海水染成了黃色，因此得名「黃海」。

❶ 沈陽怪坡：一條呈西高東低走勢的斜坡，也是中國最早被發現的怪坡。熄火的汽車停在山下，能自動向山上滑行，而騎自行車從山頂往山下走時，明明是下坡路卻必須使勁蹬才能騎下去，擁有這種反常現象的山坡就稱為「怪坡」。
（遼）

❷ 學步橋：學步橋位於河北邯鄲市沁河上，是成語典故「邯鄲學步」的起源地。戰國時期，有個燕國人聽說趙國邯鄲人走路的姿勢特別優美，於是來到邯鄲學習當地人走路的姿勢。結果，他不僅沒有學到邯鄲人走路的姿勢，還把自己原來走路的姿勢也忘記了，最後只好爬着回去。趙國人知道這件事以後，便把他學走路的這座橋叫做學步橋。
（冀）

❸ 棒棰島：大連著名的避暑聖地。
（遼）

❹ 口皮：蒙古草原上特產的獸皮。以前，蒙古草原的特產都通過河北張家口等邊關運往全國各地，張家口成了蒙古草原貨物的集散地，所以像蘑菇、獸皮這樣的特產就被稱為「口蘑」「口皮」了。
（冀）

❺ 木蘭圍場：位於河北承德市，是清代的皇家狩獵場。清代前朝，皇帝每年都要率領王公大臣、八旗精兵來這裏進行「木蘭秋獮」。
（冀）

❻ 銅雀台：位於今邯鄲市，是建安文學的發祥地。三國時期，曹操擊敗袁紹後，營建鄴都，修建了銅雀、金虎、冰井三台，即史書中的「鄴三台」。
（冀）

❼ 白洋淀：海河平原上最大的湖泊，以大面積的蘆葦蕩和千畝連片的荷花淀而聞名，素有「華北明珠」之稱。
（冀）

胡服騎射

大境門

赤城溫泉

趙州橋來魯班修，玉石欄杆聖人留……

沈陽蒸汽機車博物館

東風不與周郎便，銅雀春深鎖二喬。

張飛

花鯽魚

杜牧

鴨綠江

你知道嗎？這裏可是中國現存的古代陸路交通道路的實物之一，是證明秦始皇實施「車同軌」政策的實物佐證喲！

秦皇古驛道

⑧ 承德避暑山莊：中國四大名園之一，
冀　清代皇帝夏天避暑和處理政務的場所
　　之一。

⑨ 外八廟：避暑山莊東北部的 12 座佛
冀　教寺廟，因其中的 8 座由清政府直接
　　管理，被稱為「外八廟」。

⑩ 文津閣：避暑山莊內清代的重要藏
冀　書之所。著名的《四庫全書》就曾收
　　藏在這裏。

⑪ 定州塔：原名「開元寺塔」，中國
冀　現存最高大的一座磚木結構古塔。

⑫ 吳橋雜技大世界：雜技主題公園。
冀　吳橋縣是中國雜技發祥地之一。

⑬ 黃金台：燕昭王即位後，決定廣招
冀　天下賢才幫他治理國家，但沒有多少
　　人投奔他。一個叫郭隗的人對他說
　　「您可以先任用我，別人看到我這樣
　　的人都能得到重用，那比我更有才能
　　的人就會來投奔您了」。燕昭王覺得
　　他說的有道理，便任用了他，並修築
　　了黃金台作為招納天下賢士的地方。

⑭ 滄州鐵獅子：中國現存年代最久、
冀　形體最大的鑄鐵獅子，民間稱之為
　　「鎮海吼」，相傳是為了遏制水患而
　　鑄造的。

Q₁ 河北趙州橋到底是誰修的呢？
冀　雖然民間歌謠的歌詞裏寫趙州橋是魯
　　班修的，但實際上趙州橋是隋代著
　　名造橋匠師李春建造的，至今已有
　　1400 多年的歷史，是中國已知的現
　　存最早的大型石拱橋，也是世界上保
　　存最完善的古代敞肩石拱橋。

❶ 石花洞國家地質公園：一座以岩溶
京 洞穴自然景觀為主體的地質公園。

❷ 山海關：被譽為「天下第一關」，
冀 是明長城的東北關隘之一。因為其依
山靠海，所以被叫做「山海關」。

❸ 十渡風景區：據說歷史上這裏的河
京 谷中有十個渡口，所以得名「十渡」。

❹ 八達嶺長城：萬里長城的重要組成
京 部分，也是明長城最早向遊人開放的
部分。

❺ 盧溝橋：北京有句歇後語是「盧溝
京 橋的獅子──數不清」。因為盧溝橋
的獅子大小不一，形態各異，所以很
難數清楚。

❻ 頤和園：中國保存最完整的一座皇
京 家行宮御苑。

❼ 人民大會堂：全國人民代表大會等
京 重要會議在此召開。

❽ 圓明園：清代大型皇家宮苑，有「萬
京 園之園」之稱。以前清朝皇室每年夏
天都會來這裏避暑，所以圓明園也被
稱為「夏宮」。1860 年英法聯軍入
侵時，圓明園被無情地燒毀了。

❾ 中關村科技園：中國第一個國家級
京 高新技術產業開發區。

❿ 故宮：明清兩代的皇家宮殿。
京

⓫ 天安門：坐落在北京中心，是明清
京 兩代北京皇城的正門。

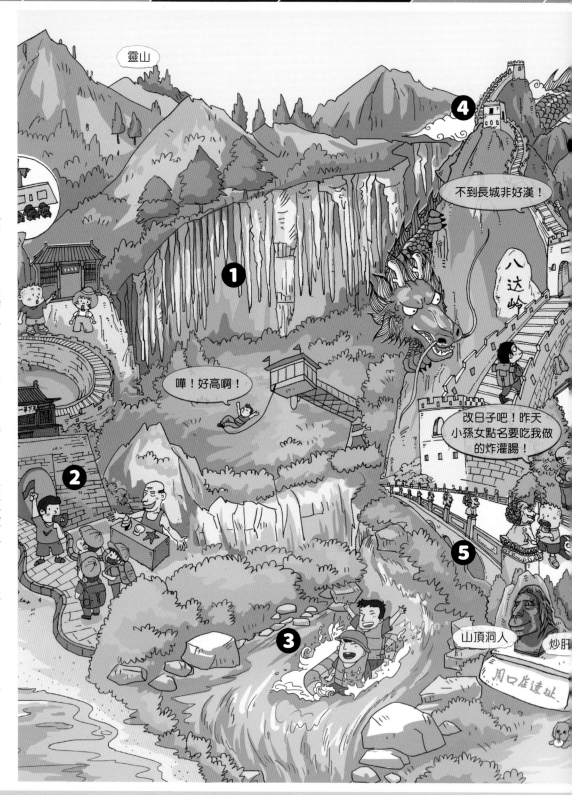

鳥巢

中关村

水立方

香山紅葉

北海白塔

電車

鼓樓

中華世紀壇

人民英雄紀念碑

金水橋

老李，要到我家下棋去嗎？

王府井百貨

包子

⑫ 京 長安街：舊時，長安街兩邊各有一門，即長安左門與長安右門，因此得名「長安街」。「長安」是漢唐國都，有「長治久安」之意。

⑬ 京 炸醬麵：漢族麵食。據說源自老北京思銘吳胡同的一家老字號麵館，被譽為「中國十大麵條」之一。

⑭ 京 天壇：明清兩代帝王祭祀皇天、祈求五穀豐登的場所。

⑮ 京 正陽門：俗稱「前門」，老北京人習慣稱其為「前門樓子」。

⑯ 京 前門大街：北京著名的商業街，起源於明代。明代的北京城突破了元代「先朝後市」的定制，在正陽門周圍，南至鮮魚口、廊房胡同一帶形成了大商業區。

Q₁ 京 北京為甚麼叫「四九城」？

老北京以城牆劃分，大體可分為四層：外城、內城、皇城、紫禁城。所謂「四九城」是指皇城的四門和內城的九門，在這個範圍內的就是「四九城」。不過，現在「四九城」這個詞已經不僅僅指這個範圍了，它更包含了北京人對老北京文化及安靜和諧氛圍的懷念。

Q₂ 京 甚麼是掛爐烤鴨？

掛爐烤鴨依靠熱力的反射作用來烤製鴨子，不用火苗直接燎烤，而是利用火苗發出的熱力將頂壁烤熱，再將頂壁的熱力反射到鴨子身上。

❶ 國子監：元明清三代國家最高學府
京 所在地。

❷ 回音壁：皇穹宇的圍墙。兩個人分
京 別站在東、西配殿後，貼墙而立，一
個人靠墙向北說話，聲波可以穿到墙
壁的另一端。

❸ 祈年殿：殿內有 28 根金絲楠木大柱，
京 裏圈的 4 根寓意春夏秋冬四季，中間
一圈 12 根寓意 12 個月，最外一圈
12 根寓意 12 時辰和周天星宿。

❹ 北京四合院：一種傳統合院式建築。
京 四面建有房屋，中心為院，四面將庭
院合圍在中間，故名「四合院」。

❺ 京劇：國粹之一，是中國影響力最
京 大的劇種。京劇的行當主要分為生、
旦、淨、末、丑五大種。

❻ 兔兒爺：老北京的傳統手工藝品。
京 大人會在中秋節的時候買兔兒爺給孩
子當玩具。

❼ 世紀鐘：為了迎接新世紀而建造的
津 大型標誌性城雕建築。2001 年 1 月
1 日零時第一次被敲響。

❽ 天后宮：中國現存年代最早的媽祖
津 廟之一，中國北方媽祖文化中心。

❾「天津民間工藝三絕」：泥人張、
津 風箏魏、楊柳青年畫這三家天津著名
的手工藝品老字號。

❿「天津風味小吃三絕」：十八街麻
津 花、狗不理包子、耳朵眼炸糕。

⑪ 盤山：有「京東第一山」之譽。相傳東漢末年，協助曹操攻滅烏桓的田疇不肯接受封賞，而選擇隱居在這裏，於是百姓們就稱這座山為「田盤山」，意為田疇曾在此盤桓，簡稱「盤山」。

⑫ 石家大院：有「華北第一宅」之稱的晚清民居建築群。

⑬ 大沽口炮台：清代修築的具有完整防禦體系的砲台，中國古代重要的海防屏障。

⑭ 五大道：五條東西向並列的街道，被稱為「萬國建築博覽苑」，擁有中國至今保存最為完整的洋樓建築群。

⑮ 飲冰室：梁啟超是「戊戌變法」的領袖之一。飲冰室是他的故居書齋，《飲冰室合集》就是在這裏完成的。

⑯ 海河：華北地區的最大水系，中國七大河流之一。

⑰ 西開教堂：天津最大的天主教堂。

Q₁ 天津名產「狗不理包子」為甚麼要叫「狗不理」？

清朝咸豐年間，有個叫高貴友的人開了一間專門賣包子的小吃鋪「德聚號」。他做的包子色香味俱全，店鋪的客人總是絡繹不絕，忙得高貴友都顧不上和客人說話。高貴友的小名叫狗子，總有人調侃他「狗子賣包子，不理人」，久而久之就簡化成了「狗不理」。後來，人們將其賣的包子稱為「狗不理包子」，原來的店鋪字號就逐漸被遺忘了。

❶ **天津貝殼堤**：世界著名的三大古貝
津　殼堤之一。貝殼堤是千百萬年以來由
　　貝殼不斷堆積而形成的，是古代海岸
　　在地貌上的可靠標誌。

❷ **七里海溼地**：研究渤海灣古海岸帶
津　變遷的重要證據。

❸ **獨樂寺**：中國國內僅存的三大遼代
津　寺院之一。

❹ **天津之眼**：建於 2009 年，世界上
津　唯一一座建在橋上的摩天輪，轉一圈
　　大約需要 28 分鐘。

❺ **勸業場**：於 1928 年建成，是天津
津　最著名的老字號商場。

❻ **霍元甲**：清末著名的武術家，出生
津　於今天津市西青區的鏢師家庭，身懷
　　傳家絕技「迷蹤拳」。

❼ **長蘆鹽場**：中國海鹽產量最大的鹽
津　場，位於渤海沿岸。

❽ **小白樓**：小白樓曾為美英等國的租
津　界，保留了大量歐式建築。第一次世
　　界大戰時期，因為這裏有一棟白色外
　　牆的酒吧，人們便用「小白樓」為標
　　誌來稱呼這片區域了。

❾ **「當當吃海貨，不算不會過」**：
津　天津人將海鮮稱為「海貨」，據說，
　　舊時天津人為了吃海貨，甚至不惜典
　　當家產換錢去買。後來，隨着典當行
　　的逐漸消失，這句俗語又演變成了
　　「借錢吃海貨，不算不會過」。

❿ **大悲禪院**：天津最大的佛教寺院。
津

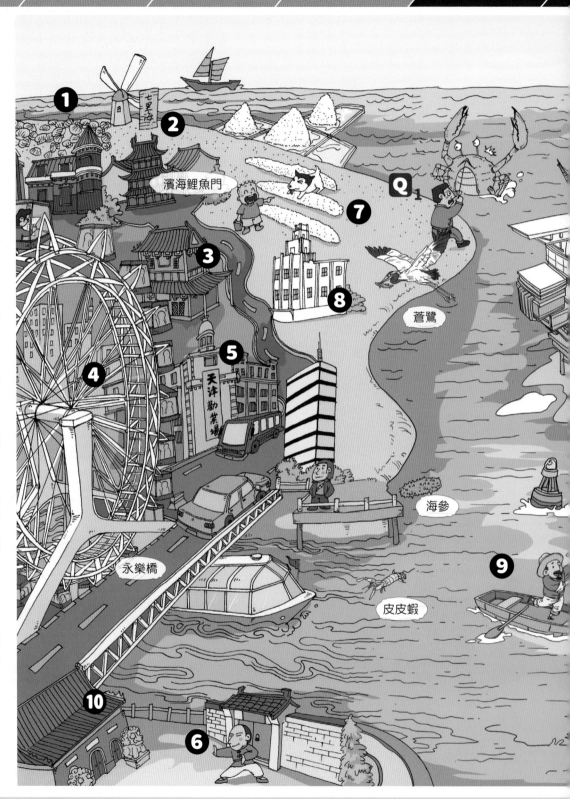

白鶴

Q₁ 天津為甚麼又叫「天津衛」？

「衛」是古代朝廷軍隊中的一個編制。明代最主要的軍事制度是衛所制，明成祖朱棣在遷都北京後設立了天津衛，相當於現在的衛戍區，也就是兵營。

⑪ 渤海油田：目前中國海上最大的油田，也是全國第二大原油生產基地。

⑫ 八仙過海：八仙指的是呂洞賓、鐵拐李、張果老、鍾離權、曹國舅、何仙姑、藍采和、韓湘子這八位仙人。傳說八仙受邀去蓬萊仙島（傳說中位於渤海的神山）賞牡丹，回程時鐵拐李提議不要搭船，而是利用各自的神通過海。後來人們把「八仙過海，各顯神通」引申為各自拿出本領或辦法，互相競賽。

⑬ 魯班：春秋魯國人，被譽為中國的「建築鼻祖」。傳說魯班會製作仿生機械，他削木竹製成的鳥可以在天上飛翔。

⑭ 煙台蘋果：暢銷國內外的蘋果。

⑮ 孫子：春秋時期齊國樂安（今山東省北部）人。是著名的軍事家、政治家，著有巨作《孫子兵法》。

⑯ 孟母三遷：講述了戰國時期鄒國（今山東省鄒城市）的儒家思想家孟子的母親在孟子兒時，為了給他創造良好的教育環境而多次遷居的故事。

棧橋

海膽

天上掉蘋果啦！

鮑魚

❶ **蓬萊閣**：古代四大名樓之一。以「八
（魯）仙過海」傳說和「海市蜃樓」奇觀享
譽全中國。

❷ **嶗山道士**：出自《聊齋志異》，講述
（魯）了一個王姓書生在嶗山跟道士學穿牆
術卻以失敗告終的故事。

❸ **紙上談兵**：戰國時代，趙國有個叫
（晉）趙括的人，他從小書讀兵書，卻不會
應用於實戰，後來在長平（今山西高
平）之戰中慘敗於秦軍。

❹ **泰山**：為五嶽之首。泰山現存碑刻
（魯）500 餘座，摩崖石刻 800 餘處，碑
刻提名之多居中國名山之首。

❺ **岱廟**：位於泰山南麓，是古代帝王舉
（魯）行封禪大典和祭拜山神的地方。

❻ **成山頭**：山東半島上能最早看到海
（魯）上日出的地方。起初叫「天盡頭」，
後改名為「好運角」。

❼ **梁山**：古典名著「水滸傳」的故事發
（魯）源地。講述了北宋末年以宋江為首的
108 將在梁山起義，最後接受朝廷招
安的故事。

❽ **曲阜孔廟**：孔子是中國著名思想家、
（魯）教育家。曲阜孔廟是全中國第一座祭
祀孔子的廟宇。

❾ **大汶口遺址**：距今 4000 至 5000
（魯）年的新石器時代晚期父系氏族遺址，
出土了大量陶器。

❿ **龍門石窟**：中國四大石窟之一，展
（豫）現了北魏至唐代期間的造型藝術，代
表了中國石刻藝術的最高成就。

⑪ 白馬寺：位於河南洛陽，是佛教傳
豫 入中國後興建的第一座官辦寺院。

⑫ 洛陽紙貴：西晉時，由於人們爭相
豫 傳抄左思的《三都賦》，使得紙張供
不應求，因此缺貨而貴。

⑬ 函谷關：中國歷史上建置最早的雄
豫 關要塞之一，相傳老子曾在這裏寫下
哲學著作《道德經》。

⑭ 白馬非馬：公孫龍是戰國時期趙國
豫 的謀士。據說有次公孫龍騎着白馬，
想過函谷關去秦國，但守關人不讓趙
國的馬去秦國。公孫龍說：「白馬有
兩個特徵，一是白色，二是有馬的外
形，但馬只有一個特徵，就是有馬的
外形。有兩個特徵的白馬怎麼會是只
有一個特徵的馬呢？所以白馬根本就
不是馬。」這下官吏徹底被問愕了，
公孫龍就騎着白馬通過了函谷關。

⑮ 芒碭山：傳說漢高祖劉邦曾在此斬
豫 蛇起義。

⑯ 少林寺：位於河南登封市嵩山下的
豫 佛寺，被譽為「天下第一名剎」。因
少林功夫而聞名天下，素有「天下功
夫出少林，少林功夫甲天下」之說。

⑰ 安陽殷墟遺址：殷墟是商後期的都
豫 城遺址，距今已有 3300 多年歷史。
在這裏出土了大量的甲骨文和青銅
器，因此聞名中外。

⑱ 嵩陽書院：中國古代四大書院之一，
豫 位於嵩山南麓，最早是佛教、道教廟
宇，宋代才成為儒家書院。儒家理學
大師程顥、程頤二程兄弟曾在此書
院聚生徒數百人講學。著名成語典故
「程門立雪」也發生在這裏。

❶ 女媧補天：上古神話傳說，傳說發生在今天的山西。
(晉)

❷ 五台山：佛教四大名山之首。
(晉)

❸ 平遙古城：中國保存最為完好的四大古城之一。
(晉)

❹ 褐馬雞：中國特產珍稀鳥類，現存數量稀少，是國家一級保護動物，也是山西的省鳥。
(晉)

❺ 洪洞大槐樹：明代時，大槐樹下曾先後發生 18 次大規模官方移民，人們分別從山西前往 500 多個縣市。如今，據說凡是有華人的地方就有大槐樹移民的後裔。
(晉)

❻ 西安城牆：中國現存規模最大、保存最完整的古城城垣。
(陝)

❼ 懸空寺：一座佛、道、儒三教合一的寺廟，整座寺廟建於翠峯山的半山腰上，依靠 27 根木樑支撐全部寺廟主要建築，遠看形如懸在半空，故名懸空寺。
(晉)

❽ 華山：五嶽中的西嶽。華山的美在於險，獨特的絕壁險峯更是讓它獲得了「天下第一險」之稱。
(陝)

Q₁ 甚麼是「五嶽」？

「五嶽」是中國五大名山的總稱，分別為東嶽泰山、西嶽華山、南嶽衡山、北嶽恆山和中嶽嵩山。

❾ 威風鑼鼓：流行在山西臨汾一帶的民間打擊樂器，因為打擊起來氣勢磅礴、威武雄壯，而被叫做「威風鑼鼓」。
(晉)

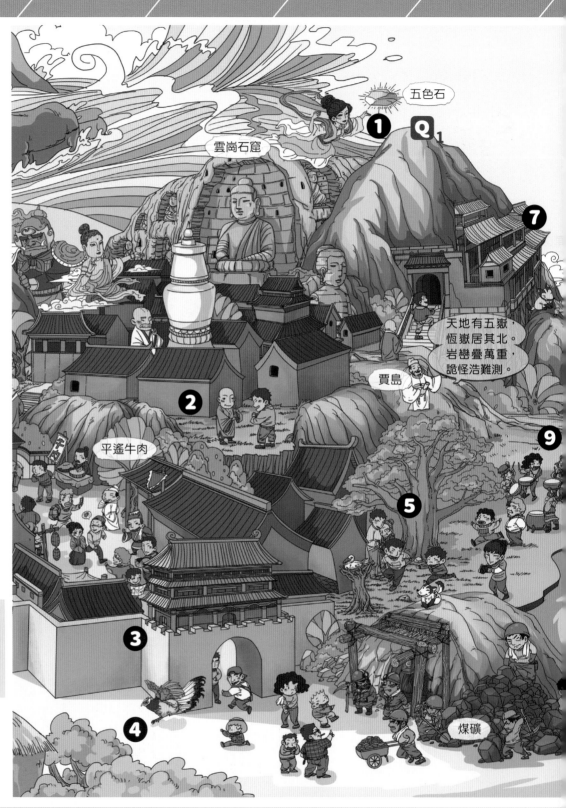

五色石

雲崗石窟

天地有五嶽，恆嶽居其北。岩巒疊萬重，詭怪浩難測。

賈島

平遙牛肉

煤礦

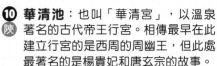

⑩ 華清池：也叫「華清宮」，以溫泉
陝 著名的古代帝王行宮。相傳最早在此
建立行宮的是西周的周幽王，但此處
最著名的是楊貴妃和唐玄宗的故事。

⑪ 無字碑：武則天立的碑，因碑上沒
陝 有刻字而得名。

⑫ 黃土高原：中國四大高原之一，是
陝 地球上分佈最集中、面積最大的黃土
區，也是世界上水土流失最嚴重和生
態環境最脆弱的地區之一。

⑬ 窯洞：黃土高原上的一種傳統「穴居
陝 式」住宅，冬暖夏涼。在陝西、甘肅
等省份，有些地方的黃土特別厚，所
以人們就因地制宜，鑿洞居住。

Q₂ 為甚麼窯洞冬暖夏涼？
陝 窯洞挖在山坡上，它的屋頂和墻壁都
相當厚，不容易傳熱，所以窯洞內
的氣溫變化總是落後於外界的氣溫變
化，再加上拱形門窗能夠充分利用太
陽輻射，所以窯洞冬暖夏涼，而且還
節能環保。

⑭ 兵馬俑：秦始皇的殉葬品。兵馬俑
陝 整體規模宏大，個體形態各異，被譽
為「世界第八大奇跡」。

⑮ 姜太公釣魚：相傳姜太公受師傅之
陝 命，下界幫助當時的西伯侯姬昌完成
滅商大業，但是自己和姬昌素未謀
面，很難獲得他的賞識。於是姜子牙
便使用直鈎在渭濱（今陝西寶雞市）釣
魚，果然引起了姬昌的注意。

❶ 大雁塔：為了保存從天竺帶回的經卷，由玄奘主持修建的佛塔。
（陝）

❷ 瓦當：中國古代建築中簷頭和瓦前的遮擋。瓦當上刻有文字、圖案等，非常精美。「秦磚漢瓦」中的「瓦」指的就是瓦當。

❸ 黃岡中學：當地人簡稱「黃高」，位於湖北的黃岡市，擁有高升學率和高獲獎率。
（鄂）

❹ 曾侯乙編鐘：戰國早期文物，出土於湖北的曾侯乙墓，是中國迄今為止發現數量最多、保存最完整、音律最全、氣勢最宏偉的一套編鐘，被中外專家、學者稱為「稀世珍寶」。
（鄂）

❺ 黃鶴樓：據說，曾有仙人駕鶴從這裏經過，因此得名「黃鶴樓」；另一種說法是，原來這裏並沒有樓，只有個小酒館，有個道士在酒館的牆上畫了一隻黃鶴，店家的生意因此大為興隆。十年之後道士再次來到這個酒館，用笛聲將牆上的黃鶴召喚了下來並乘鶴飛去。為了紀念這段傳奇故事，這裏便建起了「黃鶴樓」。
（鄂）

❻ 草船借箭：三國時期赤壁之戰中，周瑜要求諸葛亮在十天之內趕製十萬支箭。諸葛亮知道這是周瑜在故意刁難他，於是發揮自己的聰明才智，想出了通過草船誘敵、向曹軍「借箭」的方法，最後只用了三天就借足了十萬支箭，立下奇功。
（鄂）

❼ 神農架：一片蘊藏着豐富自然資源的原始森林。傳說神農氏曾在這裏架木為梯，嘗遍百草，為眾生造福。老百姓為了紀念神農，就把這裏稱為「神農架」。
（鄂）

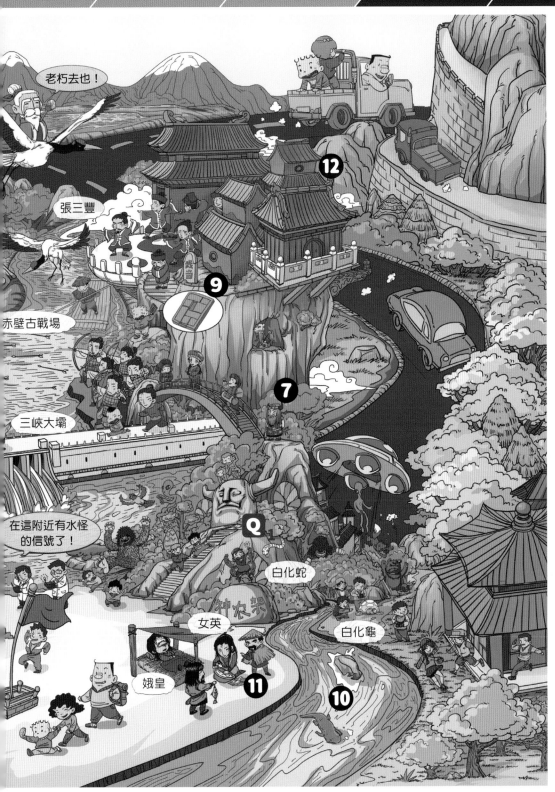

老朽去也！

張三豐

赤壁古戰場

三峽大壩

在這附近有水怪的信號了！

白化蛇

女英

娥皇

白化龜

⑧ 水怪：據說，由於神農架特有的環境和地勢特點，一些遠古大型動物有幸存活下來並深居於此。人們偶爾目擊到的「水怪」就很有可能是這些動物。

⑨ 華容道：華容道原本是一個普通的地理名詞。赤壁之戰中曹軍落敗，於是向着華容縣城逃跑，後來人們藉此典故製作了一款益智遊戲，通過移動棋盤上的棋子，在不跨越棋子的前提下，爭取用最少的步數把「曹操」移到棋盤的出口位置。

Q₁ 甚麼是「白化現象」？

有些動物的身體結構和正常動物沒有差異，但牠們體內缺少能合成黑色素的酶，導致其羽毛或毛髮等呈現白色，這就是白化現象。如白化龜、白化蛇等。

⑩ 大鯢：世界上現存最大、最珍貴的兩棲動物。因為叫起來的聲音小孩在哭，所以人們又叫牠「娃娃魚」。

⑪ 魚糕：傳說，帝舜帶着娥皇、女英二人南巡路過江陵一帶時，娥皇積勞成疾，喉嚨腫痛，只想吃魚。但她卻不願意擇刺，於是女英便在當地漁民的指導下，融入了自己的廚藝為娥皇製作了魚糕。娥皇吃過魚糕後，身體迅速地康復了。帝舜對此大加讚賞，魚糕便在荊楚一帶流傳了下來。

⑫ 武當山：中國道教名山，道教建築遍及全山，規模相當宏偉。武當山不僅擁有奇特的自然風景，還有着豐富的人文景觀，因此被譽為「亙古無雙勝境，天下第一仙山」。

❶ 張家界地貌：置身在張家界的奇峯 (湘) 怪石間，仿佛進入了一個神秘、奇幻 的世界。經典科幻電影《阿凡達》就 是在這裏取景的。

Q₁ 張家界地貌是如何形成的？
(湘)

很久很久以前，湖南的西北邊是一片 汪洋，張家界就在這片汪洋最深的地 方。經年累月，流水從陸地上源源不 斷的帶來岩石碎屑，這些碎屑慢慢沉 積成岩，形成了厚達 500 多米的石 英砂岩。後來海水慢慢退去，又經過 幾億年漫長的流水切割、差異風化和 重力崩塌等，最終形成了我們所看到 的怪石嶙峋的峽谷。

❷ 張家界大峽谷玻璃橋：世界上最 (湘) 高、最長的全透明玻璃橋。橋面到谷 底之間足有 300 米深，走上這座橋 可需要非常大的勇氣喲！

❸ 張家界天門洞：南北對開的洞口蔚 (湘) 為壯觀，就像通往天界的門戶。

❹ 常德桃花源古鎮：桃花源面臨沅水， (湘) 背依群山，是中國歷史上道教聖地之 一。因酷似東晉大詩人、文學家陶淵 明在《桃花源記》中描述的理想境界 而聞名。

❺ 鳳凰古城：湘西一座人傑地靈的小 (湘) 鎮，苗族、土家族等二十多個少數民 族聚居在此。

❻ 吊腳樓：苗族、壯族等少數民族的 (湘) 傳統民居。高高懸起的房屋不但乾燥 通風、防蟲蛇野獸，樓板下面還能當 儲物倉。

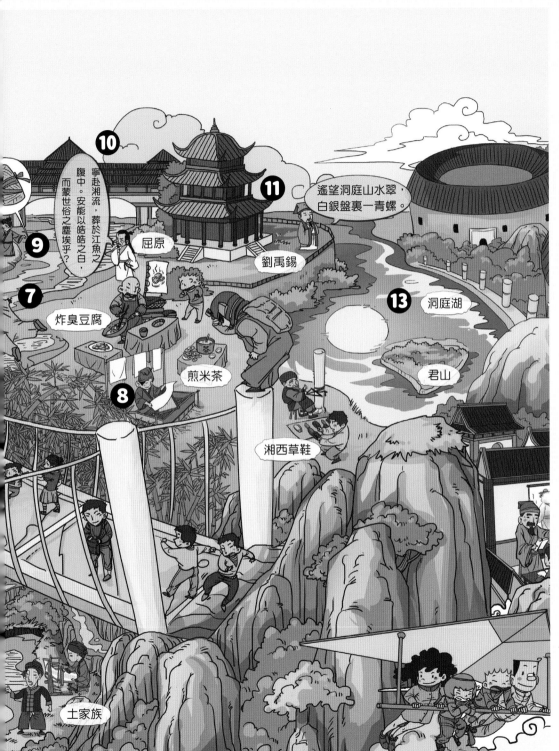

寧赴湘流，葬於江魚之
腹中。安能以皓皓之白，
而蒙世俗之塵埃乎？

屈原

炸臭豆腐

煎米茶

劉禹錫

遙望洞庭山水翠，
白銀盤裏一青螺。

洞庭湖

君山

湘西草鞋

土家族

⑦ (湘) **張家界翼裝俠**：這些極限運動愛好者們穿的衣服就像鼯鼠的皮毛一樣，所以被稱為「翼裝俠」。翼裝俠四肢展開的時候，衣服能在周身形成一層翼膜，幫助他們滑翔。

⑧ (湘) **蔡倫竹海**：蔡倫利用樹皮、麻頭、破布、漁網等原料造紙，替代了原先用來寫字的竹簡和絲綢。蔡倫製成「蔡候紙」後，就在這裏廣授造紙技藝。現在，蔡倫竹海仍保留着數百家土法造紙作坊。

⑨ (湘) **屈原與粽子**：屈原是戰國時期的偉大詩人，也是「楚辭」的創立者。傳說屈原投江後，百姓擔心魚吃掉屈原的遺體，就把包好的粽子投入汨羅江裏餵魚。

⑩ (湘) **龍津風雨橋**：具有侗族特色的全木質結構橋樑，湘黔公路交通要道，史稱「三楚西南第一橋」。

⑪ (湘) **岳陽樓**：「江南三大名樓」之一。屋頂的造型非常有特點，很像古代武士的頭盔，這種漢代的屋頂樣式被稱為「盔頂」。北宋文學家范仲淹曾在《岳陽樓記》中寫下了「先天下之憂而憂，後天下之樂而樂」的千古名句。

⑫ (湘) **紫鵲界梯田**：南方稻作文化與山地漁獵文化的巧妙融合，成就了紫鵲界人與自然和諧共處的稻作文化遺存。

⑬ (湘) **洞庭秋月**：瀟湘八景之一。秋天無風的夜晚，皎月當空，洞庭湖水澄明如鏡，湖光山色相映成趣。無數文人騷客都為此景而折服，留下了許多膾炙人口的名言佳句。

❶ **弋陽龜峯**：因山體像一隻仰着頭的
（贛）巨龜而得名。龜峯境內有一株千年四
季桂，高約 10 米，有 8 根枝幹，枝
繁葉茂，四季開花。

❷ **客家圍屋**：一種典型的客家民居建
（贛）築，也叫「圍龍屋」，始於唐宋，盛
行於明清。客家人大多居住在偏遠的
山區，為防止盜賊和野獸的侵擾，他
們建造了這種營壘式住宅。

❸ **南安板鴨**：皮薄柔嫩，誘人食慾，
（贛）是中國很受歡迎的臘味珍品，有 500
餘年的歷史。

❹ **婺源油菜花田**：有「中國最美油菜
（贛）花田」之稱。每到油菜花盛開的時
節，一望無際的花海隨風飄搖，花香
四溢。

❺ **白鹿洞書院**：白鹿洞在唐代時原為
（贛）詩人李渤兄弟隱居讀書的地方，李渤
當時養白鹿自娛，故有外號「白鹿先
生」。宋初時白鹿洞始建書院，幾經
廢止，終於在南宋時由理學家朱熹重
建振興，名聲大噪。

❻ **廬山**：江西首屈一指的名山，與雞公
（贛）山、北戴河、莫干山並稱「中國四大
避暑聖地」。

Q₁「廬山」的名字是怎麼來的？
（贛）
傳說西周的時候，有一位方輔先生，
他騎着一頭白色的驢子和老子一起入
山煉丹，兩人都得道成仙後便離山而
去了，山上只留下一座煉丹的空廬。
後來，人們便把這座人去廬存的山稱
為「廬山」。

❼ **南豐儺舞**：俗稱「跳儺」，一種民
（贛）俗舞蹈。

我要吃釀豆腐！

這批鴨子真肥美呀！

李渤

方輔先生

採菊東籬下，悠然見南山

陶淵明

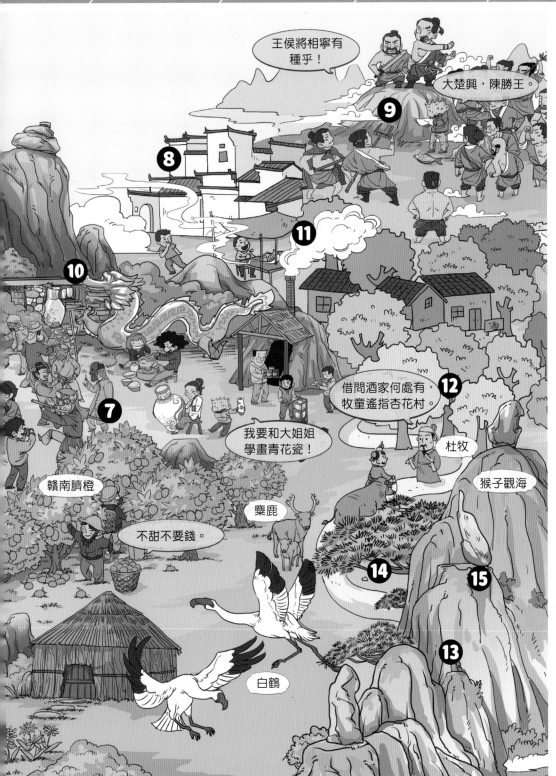

8 徽派建築：中國傳統建築最重要的
皖 流派之一。白墙黑瓦，飛簷翹角，高
低錯落，層疊有致。

9 大澤鄉起義：大澤鄉位於今安徽宿
皖 州，秦末時陳勝、吳廣在此發起的農
民起義，是中國歷史上第一次大規模
的農民起義。

10 景德鎮：世界著名瓷都，以青花瓷
贛 聞名。景德鎮製瓷歷史悠久，產自該
地的青白瓷晶瑩玉潤，備受人們喜
愛，在 18 世紀以前大量出口歐洲。
因為當時的歐洲人還不會製瓷，所以
見到如此精美的瓷器都驚歎不已，瓷
器也成了歐洲上流社會中奢華地位的
象徵。

11 臭鱖魚：屬於徽菜，用特殊方法醃
皖 製而成，聞起來臭，吃起來卻很香。

12 杏花村：杏樹遍野的美麗村落，因
贛 杜牧的詩作《清明》而聞名於世。

13 黃山：位於安徽省南部，被譽為「天
皖 下第一奇山」。其最著名的景觀是
「四絕三瀑」。「四絕」分別為奇松、
怪石、雲海、溫泉；「三潭」指的是
人字瀑、百丈泉瀑布、九龍潭。

14 迎客松：黃山的標誌性景觀之一。
皖 松樹的一側伸出樹枝，仿佛人伸出一
支臂膀歡迎遠方的客人，因此得名
「迎客松」。

15 仙人指路：這塊石頭就像位身穿道
皖 袍的仙人一般，正舉起一隻手為來人
指路。

27

❶ **飛來石**：黃山上一塊聳立在平坦岩
皖 石上的巨石，是由自然風化形成。

❷ **人字瀑**：因形似漢字「人」而得名。
皖

❸ **九龍瀑**：黃山第一大瀑。
皖

Q₁ **為甚麼伍子胥過昭關時會一夜白**
皖 **了頭髮？**

傳說，春秋時期的吳國大夫伍子胥從
楚國投奔吳國時，被楚平王下令追
殺，逃到昭關時陷入了進退兩難的境
地。前方是重兵把守的昭關，左右是
兩座難以逾越的高山，後方有窮追不
捨的追兵，伍子胥一夜間就急出了一
頭白髮。

❹ **鳳陽花鼓**：一種將曲藝和歌舞結合
皖 在一起的傳統民間表演藝術，與花鼓
燈、花鼓戲統稱為「鳳陽三花」。

❺ **淮南王劉安**：傳說中發明了豆腐的
皖 人。除了發明豆腐，他還把前人總結
的二十四節氣在《淮南子》中第一次
完整記錄下來。

❻ **醉翁亭**：始建於北宋，因歐陽修的
皖 《醉翁亭記》而聞名，被譽為「天下
第一亭」，是中國四大名亭之一。

❼ **淝水之戰**：歷史上有名的以少勝多
皖 的戰役。東晉時，北方的前秦為擴張
領土向南方的東晉發動入侵。東晉巧
妙制敵，以 8 萬軍力大勝了 80 餘萬
的前秦大軍，取得了以少勝多的巨大
勝利。

❽ **文房四寶**：一般指宣紙、湖筆、徽
皖 墨和端硯。安徽宣城是最正宗的宣紙
原產地。

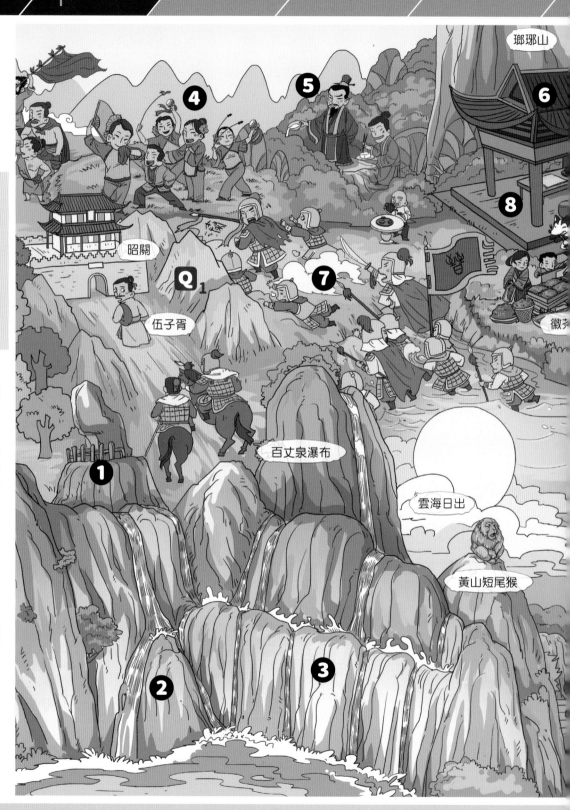

⑨ 亞洲第一井：目前全世界穿過造山帶最深部位的科學深鑽。〔蘇〕

⑩ 黃梅戲：安徽的主要地方戲曲劇種，中國五大戲曲劇種之一。〔皖〕

⑪ 採石磯：江南名勝，歷史上曾有很多詩人來此遊玩賦詩，傳說李白曾在此醉酒撈月。〔皖〕

⑫ 蘇州園林：中國江南園林的代表風格。在有限的空間裏點綴假山、樹林、花草，並在其中安排亭台樓閣，設置牆壁、走廊，從而達到移步換景的效果，堪稱「咫尺之內再造乾坤」。〔蘇〕

⑬ 揚子鱷：中國特有的鱷魚，棲息在長江中下游地區，現存數量非常稀少，瀕臨滅絕。

⑭ 獅子林：以「假山王國」著稱於世。〔蘇〕

⑮ 金陵十二釵：「金陵」是江蘇省會南京的舊稱。「金陵十二釵」指的是《紅樓夢》中十二位優秀、美麗的女子。〔蘇〕

⑯ 活字印刷：中國四大發明之一，由畢昇改制。

⑰ 紫金山天文台：被譽為「中國現代天文學的搖籃」。〔蘇〕

⑱ 項羽烏江自刎：楚漢相爭，項羽兵敗後帶着僅剩的士兵突圍，逃到了烏江（今安徽省馬鞍山市和縣烏江鎮附近）邊。項羽覺得無顏面對江東那些擁護他的百姓，最後含恨自殺。〔皖〕

① **寒山寺**：唐代詩人張繼途經這裏時，寫下了一首羈旅詩《楓橋夜泊》，寒山寺也因此揚名天下。

② **滄浪亭**：宋代詩人蘇舜欽用四萬貫錢買下了一座廢園並進行修築，題名「滄浪亭」。歐陽修應邀為此園作《滄浪亭》長詩，詩中以「清風明月本無價，可惜只賣四萬錢」題詠這件事。

③ **將軍崖岩畫**：中國迄今發現的最古老的部落岩畫，距今約 7000 年。

④ **明孝陵**：明朝開國皇帝朱元璋和皇后馬氏的合葬陵墓。

⑤ **拙政園**：中國四大名園之一。

Q₁ **甘熙宅第為何又被稱為「九十九間半」？**

據說，中國最大的宮廷建築為故宮，號稱「九千九百九十九間半」；最大的官府建築為孔府，號稱「九百九十九間半」；而號稱「中國最大的私人宅邸」的甘熙宅第為民居，所以最多不過「九十九間半」。

⑥ **萬三肘子**：周莊美食的代表。相傳，明代富賈沈萬三常用它來招待貴賓，因此得名「萬三肘子」。

⑦ **崇明島**：中國最大的河口沖積島，被譽為「長江門戶，東海瀛洲」。

⑧ **周莊**：被譽為「中國第一水鄉」。

⑨ **蘇繡**：蘇州地區刺繡產品的總稱，中國四大名繡之一。

⑩ 藍印花布：一種曾廣泛流行於江南民間的古老手工印花織物。染料中所用的靛藍是從蓼藍草中提取出來的。

⑪ 常州梳篦（蘇）：享有「宮梳名篦」的美譽。從清朝光緒年間開始，蘇州織造府官員每年都要選一批精品梳篦，作為貢品送進宮廷。

⑫ 江蘇太倉劉家港（蘇）：鄭和第一次下西洋時出發的地方。

⑬ 上海國際賽車場（滬）：從 2004 年起，每年都要在這裏舉辦 F1 賽車比賽。

⑭ 和平飯店（滬）：上海近代建築史上第一棟現代派建築。

⑮ 城隍廟（滬）：上海城隍廟始建於明代永樂年間，已有 600 年的歷史。「城」指的是城牆，「隍」指的是乾涸的護城河，「城」和「隍」都是保護城市安全的軍事設施，城隍廟中供奉的城隍神也是城市的保護神。

⑯ 范蠡西施遊太湖（蘇）：范蠡是春秋末期著名的政治家、軍事家、經濟學家和道家學者，在幫助越王勾踐復國後歸隱。相傳范蠡功成名就後，帶着天下第一美女西施隱居太湖邊，過上了神仙眷侶般的生活。

⑰ 溱潼會船節（蘇）：有「溱潼會船甲天下」的美稱。南宋時期岳飛帶領岳家軍與金兵交戰於溱湖，當地百姓在清明節撐船祭奠戰死的將士，之後便發展成了一種水鄉習俗。

Q₁ 為甚麼舊上海又被稱為「十里洋場」?

清末時英、美、法在上海的租界周長約為十里,而且這裏洋人橫行、洋貨充斥,具有濃鬱的西洋風情,所以被人們稱為「十里洋場」。

❶ 上海外灘(滬):上海外灘位於黃浦江畔,原為英租界,是舊上海的金融中心。這裏有 52 幢獨具各國風情的建築,被稱為「萬國建築博覽群」。

❷ 亞細亞大樓(滬):1916 年建成,是當時外灘上最高的一棟建築。因為門牌號是中山東路 1 號,所以在當地也被稱為「外灘第一樓」。

❸ 上海海關大樓(滬):樓頂的哥特式鐘樓有 10 層樓高,曾是亞洲第一大鐘,也是世界著名大鐘之一。

❹ 匯豐銀行大樓(滬):曾是僅次於英國蘇格蘭銀行大樓的世界第二大銀行建築,至今仍被公認為外灘建築群中最漂亮的建築。

❺《申報》(滬):1872 年創刊於上海,中國近代發行時間最久、具有廣泛社會影響力的報紙。

❻ 陸家嘴商圈(滬):上海最重要的金融中心,位於黃浦江畔。各種現代化商業大樓都坐落在此,與老建築林立的外灘隔江相望,是上海的特色景觀。

❼ 多倫路文化名人街(滬):「一條多倫路,百年上海灘」魯迅、茅盾、郭沫若等名人都曾在這條 500 多米長的小街上居住過。

上海迪士尼樂園

上海海洋水族館

黃浦江

徐家匯天主堂

夕拾鐘樓

莫干山路塗鴉牆

周公館

上海人民廣場

我最搖擺！

8 鴻德堂：極少數採用中國古典式建築風格的教堂之一。

9 豫園：江南古典園林，緊鄰城隍廟。

10 中華藝術宮：由 2010 年上海世博會中國國家館改建而成，現在是收藏和展示近代藝術的博物館。

11 外白渡橋：1908 年落成，中國第一座全鋼結構橋樑，現在還在使用。

12 石庫門：石庫門以石頭做門框，以烏漆實心厚木做門扇，是上海舊弄堂裏最常見的建築形式，源於太平天國起義時期，融合了中西方文化。

13 田子坊：田子坊是由上海最具特色的石庫門裏弄演變而來的，現在裏面進駐的大都是上海知名創意工作室，還有許多個性手工藝品小店，這裏是追求潮流的年輕人的聚集地。

14 南京路步行街：位於上海黃浦區，最早叫「派克弄」，已有 100 多年的歷史。原來這裏的小攤、小店都變成了現在的商廈和購物中心，是有名的娛樂遊覽購物區。

15 磁懸浮列車：一種靠電磁力牽引運行的列車，時速 430 公里以上，僅次於飛機的速度，可以說是超級快車。中國首列磁懸浮列車於 2003 年 1 月開始運行。

16 雪花膏：上海老牌護膚品，塗在皮膚上會立即溶入皮膚而消失，就像雪花一樣。

❶ 東方明珠廣播電視塔：上海的標誌
（滬）性建築，塔高 468 米，是上海國際
新聞中心所在地。

❷ 上海環球金融中心：樓高 492 米，
（滬）地上部分有 101 層。

❸ 金茂大廈：目前上海的第三高樓，
（滬）第 88 層的觀光廳是迄今為止中國國
內最大的觀光廳。

❹ 千島湖：湖上有 1078 座小島，是
（浙）世界上島嶼最多的湖之一。

❺ 桃花島：位於東海之上的島嶼，
（浙）據說是《射鵰英雄傳》中桃花島的原
型地。

❻ 諸葛八卦村：迄今發現的最大的諸
（浙）葛亮後裔聚居地，村中建築格局採用
「八陣圖」的樣式。

❼ 三味書屋：晚清紹興府著名私塾，
（浙）魯迅小時候曾在這裏讀書。

❽ 蘭亭：一座晉代園林。王羲之曾與友
（浙）人在此相聚，並飲酒作賦有「天下第
一行書」之稱的《蘭亭集序》。

❾ 杭州西湖：一片從古至今都山明水
（浙）秀、風光旖旎的山水寶地。

❿ 蘇堤：蘇軾任杭州知州時，疏通西湖
（浙）後利用挖出來的淤泥堆築起了一條堤
壩，後人為紀念他的功績，就把這條
堤壩命名為「蘇堤」。

⓫ 樓外樓：西湖邊的著名餐廳，據說
（浙）名字源於《題臨安邸》中的「山外青
山樓外樓，西湖歌舞幾時休」。

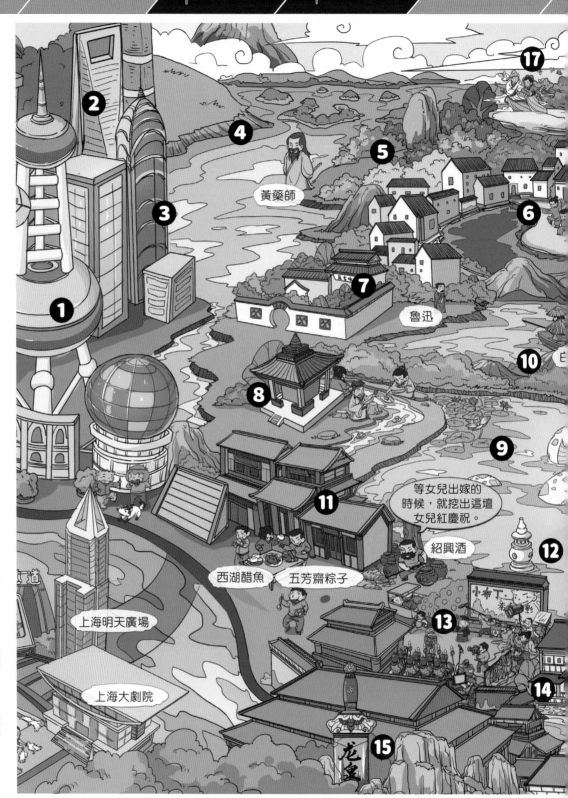

黃藥師

魯迅

等女兒出嫁的
時候，就挖出這壇
女兒紅慶祝。

紹興酒

西湖醋魚　　五芳齋粽子

上海明天廣場

上海大劇院

許仙

金華火腿

東坡肉

茶

⑫ 三潭印月：西湖十景之一。月明之夜，在 3 個石塔腹中點燃蠟燭，再在洞口糊上薄紙，湖面上就會映出圓形的黃色光點，好像月亮的倒影一樣。

⑬ 橫店影視城：全球規模最大的影視拍攝基地。

⑭ 西塘古鎮：江南六大古鎮之一，不僅有着豐富的人文資源，而且自然風景優美。古鎮中有許多古宅大院，交通以水路為主。

⑮ 龍泉劍：古代十大名劍之一，產於浙江龍泉。

⑯ 白蛇傳：中國著名的愛情傳說，故事背景為宋朝時的蘇杭地區。傳說講述了一條小白蛇為了報答書生許仙前世的救命之恩，化成人形，名為白娘子，並嫁給了許仙，以此展開的一連串故事。

⑰ 梁山伯與祝英台：這是一段淒美的愛情傳說，發生在當今的浙江省紹興市。梁山伯與祝英台這兩個相愛的人因為「門當戶對」的世俗觀念被迫分開，結果含恨而死，但死後兩人化身成了蝴蝶，從此相伴相守。

❶ 靈隱寺：中國佛教禪宗十大古剎之一，是南宋高僧濟公的修行地。

❷ 濟公：法號道濟，是學識淵博、心繫蒼生的得道高僧。他不受戒律拘束，嗜好酒肉，行為舉止也似癡若狂。

❸ 大窯龍泉窯遺址：宋元時期著名瓷器窯廠之一。

❹ 普陀山：與五台山、峨眉山、九華山並稱為「中國佛教四大名山」。

❺ 河姆渡人：距今 7000 多年生活在長江下游的古人類。

❻ 西湖龍井：中國四大名茶之一。

❼ 臥薪嘗膽：春秋末期，越王勾踐被吳王夫差打敗，於是到吳國做了 3 年俘虜，受盡了恥辱。回國後，為了不讓自己淡忘受辱之苦，勾踐在自己的屋內掛了一枚苦膽，並時常舔舔苦膽，以此來堅定自己發奮圖強、報仇復國的決心。

❽ 法海：在《白蛇傳》中，法海是鎮江金山寺住持，法力強大。他認為所有的妖精都應該收服於佛門，故阻斷了許仙與蛇仙白娘子的情緣，將白娘子鎮壓於雷峯塔之下。

❾ 許士林：傳說中白素貞和許仙的兒子，他高中狀元後，回到雷峯塔救出了母親，一家人得以團聚。

❿ 西施浣紗：西施是中國古代四大美女之一，春秋末期的浙江諸暨一帶人氏。傳說西施在河邊浣紗時，魚兒看見她美麗的倒影後，竟然連怎麼游泳都忘了，結果沉到了河底。

⑪ 駱賓王：「初唐四傑」之一，傳說
駱賓王在 7 歲時就創作了千古名詩
《詠鵝》。

⑫ 油紙傘：一種用塗上桐油的紙做傘
面的雨傘。

⑬ 《雨巷》：著名詩人戴望舒的代表
作。戴望舒因此獲得了「雨巷詩人」
的雅號。

⑭ 舟山漁場：中國最大的漁場。

⑮ 青田石雕：中國著名的地方傳統美
術。開創了多層次縷雕的技藝先河。

⑯ 錢塘江大潮：世界三大湧潮之一。
每年農曆八月十八大潮來臨時，聲如
雷鳴，排山倒海，猶如萬馬奔騰，蔚
為壯觀。

**Q₁ 西湖斷橋明明是完整的一座橋，
為甚麼說它是「斷」的呢？**

「斷橋殘雪」是有名的西湖十景之
一，但第一次去西湖的人肯定會有
個疑問——明明橋沒斷，為甚麼要
叫「斷橋」呢？原來，冬天大雪初停
的時候，長長的斷橋被大雪覆蓋，遠
遠望去就像一條白皚皚的鏈條。但太
陽出來後，斷橋向陽面的積雪慢慢融
化，露出了褐色的橋面，仿佛長長的
白鏈截斷了一般，所以得名「斷橋」。

❶ **鼓浪嶼**：廈門的第三大島，鼓浪嶼
（閩）起初叫「圓沙洲」。島的西南方海灘
上有一塊兩米多高、中間有洞的礁
石，海浪拍打在礁石上，就會發出類
似擊鼓的聲音，人們叫它「鼓浪石」，
「鼓浪嶼」也因此得名。鼓浪嶼還有
「鋼琴之島」的別稱，這是因為島上
的人大多熱愛音樂，鋼琴擁有密度居
全國之首。

❷ **日光岩**：龍頭山的頂峯，鼓浪嶼的
（閩）最高峯。

❸ **芙蓉隧道**：位於廈門大學內部，是
（閩）中國最長的塗鴉隧道。

❹ **南碇島**：一座由火山噴發而形成的
（閩）火山島，大約有 140 萬根玄武岩石
柱有序的排列在島上，遠遠望去極為
壯觀。

❺ **武夷山**：典型的丹霞地貌，是福建
（閩）第一名山，擁有地球同緯度地區保護
最好、物種最豐富的生態系統。

❻ **南普陀寺**：三殿七堂俱全的禪寺格
（閩）局使南普陀寺成為近代閩南最具規格
的名剎。在南普陀寺後面有「五老
峯」，五座山峯好似五位老人在遙望
大海。

❼ **土樓**：以生土為主要材料，生土與木
（閩）結構相結合，並不同程度使用石材的
大型居民建築。永定土樓圓形的外觀
是它的特色。

❽ **崇武古城**：中國國內現存最完整的
（閩）丁字形石砌古城，是明政府為抗擊倭
患而修建的。

❾ **風動石**：東山島的標誌性景觀。
（閩）因石體會隨風晃動卻又不滾落而被譽
為「天下第一奇石」。

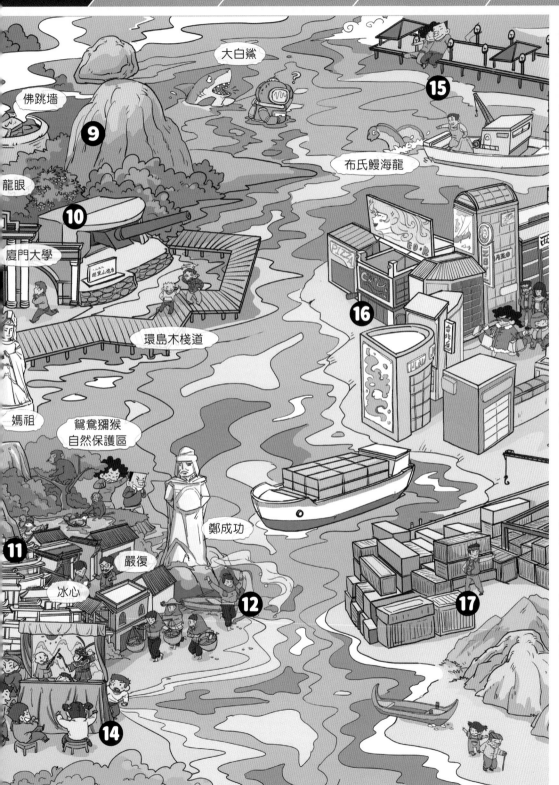

大白鯊

佛跳墙

龍眼

廈門大學

環島木棧道

媽祖

鴛鴦獼猴
自然保護區

鄭成功

嚴復

冰心

布氏鰻海龍

⑩ **胡里山砲台**：其結構為半地堡式、
閩 半城垣式，不僅具有歐洲建築風格，
也有中國明清時期的建築神韻。

⑪ **三坊七巷**：中國國內現存規模較大、
閩 保護較完整的歷史文化街區，被譽為
「中國城市裏坊制度活化石」和「中
國明清建築博物館」。很多名人曾居
住在此。

⑫ **惠安女**：指集中居住在福建惠安東
閩 部的崇武、山霞、淨峯和小岞一帶的
漢族婦女。惠安女以她們獨特的民族
服飾和辛勤勞作的精神聞名於世。

⑬ **客家龍燈**：又稱「龍舞」，是一種
閩 古老的漢族民俗文化活動。客家有句
台 諺語「龍燈入屋，買田造屋」，體現
了客家人對龍燈的憧憬，他們把住宅
中的龍燈視為「龍脈」。

⑭ **布袋戲**：一種源於福建的漢族地方
閩 戲劇劇種，也叫「布袋木偶戲」。表
台 演所用的木偶除去頭部、手掌和足
部，其軀幹、四肢都用布料做成。戲
偶的偶身非常像一個用布料做成的袋
子，因此被稱為「布袋戲」。

⑮ **淡水漁人碼頭**：台灣省淡水八大景
台 之一，在這裏可以觀看聞名遐邇的
「淡江夕照」。

⑯ **西門町**：台北市的重要商圈。
台

⑰ **高雄港**：台灣省最大的港口。
台

❶ **西門紅樓：**也叫「八角堂」或「紅樓劇場」，西門町的代表性建築。

❷ **台北 101 大樓：**曾經是世界第一高樓。

❸ **九份老街：**一條保留了許多日式建築的老街，其中的基山街是九份最熱鬧的街道。

❹ **日月潭：**台灣省最大的天然淡水湖泊，北半湖的形狀像圓圓的太陽，南半湖的形狀像彎彎的月亮，所以得名日月潭。

❺ **阿里山：**著名旅遊風景區，理想的避暑聖地。在阿里山森林鐵路，人們可以乘觀光小火車沿鐵路線飽覽阿里山的景色。

❻ **貓空：**台北市郊產茶區東側的小溪谷。此處地質鬆軟，河床在長年衝擊下被卵石鑽蝕形成許多小坑洞，水流似貓爪痕跡，因此得名「貓空」。

❼ **阿美人：**高山族的族群之一，「阿美」是「北方」的意思，「阿美人」是阿美南部的人對北部人的稱呼。阿美人男女青年有一種特殊的求愛的形式叫做「揹簍球」，後來逐漸發展成一種體育項目。

❽ **台北故宮博物院：**台灣省規模最大的博物館，館藏文物數量繁多，截至 2014 年已將近 70 萬件，有很多稀世珍品。

❾ **女王頭：**它的頸脖修長，臉部線條優美，神態像極了昂首靜坐的尊貴女王，是野柳地質公園的象徵。

40

野柳地質公園

⑩ 士林夜市：擁有超過 500 家店面和
⒜ 攤鋪的夜市，是台北市最具規模的夜
市之一。

⑪ 蚵仔煎：用牡蠣和雞蛋等配料煎製
⒜ 而成的小吃，發源於泉州，是閩南、
潮汕、台灣省等地的經典小吃之一。

⑫ 造帆石：因形狀像一艘進港的漁船
⒜ 而得名。

⑬ 七星潭：一片美麗的海灘，海灘上
⒜ 佈滿了鵝卵石。

⑭ 清水斷崖：世界第二大斷崖。
⒜

⑮ 鵝鑾鼻：位於台灣島的最南端。
⒜

⑯ 釣魚島：釣魚島及其附屬島嶼位於
⒜ 中國台灣島的東北部，是台灣的附屬
島嶼，由釣魚島、黃尾嶼、赤尾嶼等
島礁組成。

⑰《鄉愁》：當代詩壇健將，著名散文
⒜ 家、批評家、翻譯家余光中先生的代
表作。詩中表達了詩人對故鄉、對親
人戀戀不捨的情懷。

⑱ 香港星光大道：為表揚香港電影界
㊟ 傑出人士而建造的特色景點。大道上
設有紀念碑，地面上還鑲印着明星手
印的紀念牌。

⑲ 大澳蝦醬：大澳是香港現存最著名
㊟ 的漁村，盛產蝦醬。

❶ **廟街**：以售賣平價貨的夜市而聞名的
港 特色街道。

❷ **油麻地天后廟**：香港九龍規模最大
港 的天后廟。

❸ **沙田馬場**：亞洲頂級的賽馬場。
港

❹ **香港迪士尼樂園**：中國第一座迪士
港 尼樂園。

❺ **香港天壇大佛**：當今世界上最大的
港 戶外青銅坐佛。

❻ **「古惑仔」系列電影**：以兄弟情義
港 為主線的香港經典系列電影。

❼ **天星小輪**：維多利亞港著名的渡海
港 交通工具，有着悠久的歷史。

❽ **青馬大橋**：當今世界上最長的行車
港 鐵路雙用懸索式吊橋。

❾ **維多利亞港**：世界三大天然良港之
港 一，港闊水深。

❿ **淺水灣**：有「東方夏威夷」的美譽，
港 是香港最具代表性的沙灘。

⓫ **菠蘿包**：製作原料裏其實沒有菠
港 蘿，只是因為外觀像菠蘿才得名「菠
蘿包」。

⓬ **南丫島**：香港第三大島嶼。
港

⓭ **茶粿**：香港等地區的傳統客家小吃。
港

14 🅰 **香港海洋公園**：一座集海陸動物、機動遊戲和大型表演於一身的世界級主題公園，也是全球最受歡迎、入場人次最高的主題公園之一。

15 🅰 **吉慶圍**：建自明朝年間、已有 500 多年歷史的古老客家圍城。雖然一些古舊的建築已被現代樓房所取代，但吉慶圍仍然保留着極具歷史價值的炮樓和護城河。

16 🅰 **金紫荊**：1997 年 7 月 1 日，香港特別行政區成立，中央人民政府將此雕塑贈送給香港。全名為「永遠盛開的紫荊花」，寓意香港永遠繁榮昌盛。

17 🅰 **樓梯街**：位於香港上環，是一條以樓梯為主的街道，街道各段大多皆為石砌台階。樓梯街早於香港開埠初期興建，歷史悠久。

① **大夫第**：一般指大夫級文職官員的
私宅。香港的這座「大夫第」由清代
大夫文頌鑾所建。
(港)

② **木糠布丁**：一種小蛋糕，吃的時候
需要在上面撒上一層特殊的、像木屑
一樣的餅屑，所以被稱為「木糠布
丁」。是澳門的馳名甜點。
(澳)

③ **鄭家大屋**：近代著名思想家鄭觀應
的祖屋，是一座嶺南風格的民宅。
(澳)

④ **崗頂劇院**：一座位於澳門崗頂前地
的古老劇院，是中國第一座西式劇
院，2005 年作為澳門歷史城區的一
部分被列入《世界遺產名錄》。
(澳)

⑤ **《蝴蝶夫人》**：意大利劇作家普契尼
創作的一部抒情悲劇。本劇的亞洲首
映是在崗頂劇院舉行的。

⑥ **大三巴牌坊**：正式名稱為「聖寶祿
大教堂遺址」，是澳門的標誌性建築
之一，也是澳門八景之一。
(澳)

⑦ **大三巴哪吒廟**：澳門的兩座哪吒廟
之一，象徵着中西文化的交融。
(澳)

⑧ **亞婆井**：傳說，明代有位老婆婆在
這裏建造了水池來存水，以方便百姓
取水，故人們稱該井為「亞婆井」。
亞婆井前地有兩棵百年大榕樹。現
在，它們已經成了亞婆井前地的標誌
性景觀。
(澳)

⑨ **澳門旅遊塔**：世界高塔聯盟的成
員之一，也是東南亞最高觀光塔。
在這裏可以體驗世界最高的笨豬跳，
還可以沿着透明玻璃地板進行「空中
漫步」。
(澳)

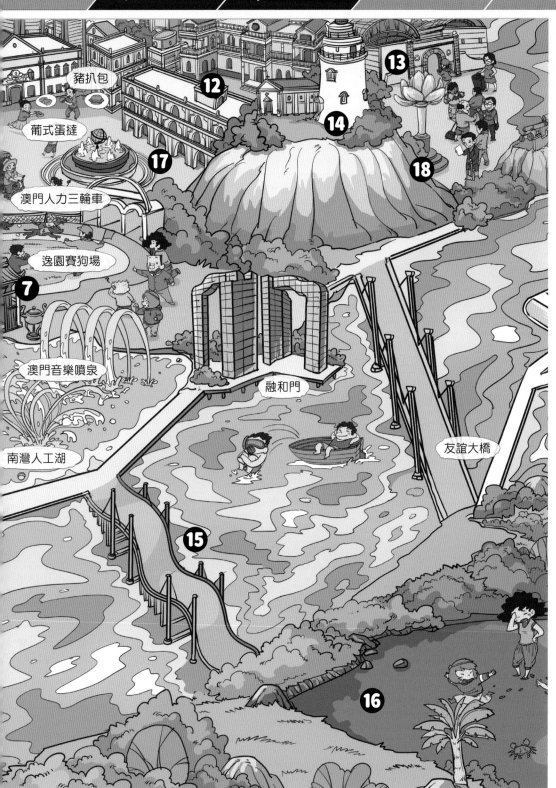

豬扒包

葡式蛋撻

澳門人力三輪車

逸園賽狗場

7

澳門音樂噴泉

南灣人工湖

融和門

15

16

友誼大橋

12

13

14

17

18

⑩ 媽閣廟：澳門著名的名勝古蹟之一，
澳 是中葡文化融合的起點。

⑪ 西灣大橋：總長 2200 米，採用豎
澳 琴斜拉式設計。

⑫ 澳督府：一座典型的粉紅色葡萄牙
澳 風格建築，富有南歐情調。

⑬ 關閘：澳門與廣東之間的陸路通道出
澳 入口之一。

⑭ 東望洋燈塔：中國沿海地區最古老
澳 的現代燈塔，澳門八景之一。

⑮ 澳氹大橋：橋體為「M」形狀，「M」
澳 是澳門英文名「Macau」的首字母。

⑯ 黑沙海灘：半月形的海灘，因獨特
澳 的黑沙而得名。據說，黑乎乎的沙子
是海浪經年累月沖刷上岸的黑色次生
礦——海綠石。

⑰ 議事亭前地：澳門四大廣場之一，
澳 俗稱「噴水池」。

⑱ 「盛世蓮花」雕塑：1999 年 12 月
澳 20 日，澳門特別行政區成立，中央
人民政府將此雕塑贈送給澳門，寓意
澳門永遠繁榮昌盛。

❶ **四方砲台**：鴉片戰爭重要遺址之一。
（粵）

❷ **陳家祠**：廣東陳姓的合族宗祠，也
（粵）是廣東現存規模最大、保存最完整、
裝飾最精美的清代宗祠建築。

❸ **西關大屋**：廣州西關一帶一種極富
（粵）嶺南特色的傳統民居，多為磚木結
構，縱深展開，高大正門用花崗石
裝嵌。

❹ **白水仙瀑**：地處北回歸線地帶，被
（粵）譽為「北回歸線上的瑰麗翡翠」。

❺ **白雲山**：南粵名山之一，自古就有
（粵）「羊城第一秀」之稱。

❻ **摩星嶺**：位於白雲山蘇家祠與龍虎
（粵）崗之間，是白雲山非常高的一座山
峯。在這裏，可以將「祖國南大門」
的景色盡收眼底。東望沙河鎮，南臨
珠江水，西看五羊城，北觀黃婆洞。
不同的天氣也能看到不同的景色。

❼ **西樵山**：廣東四大名山之一，是一
（粵）座具有四五千萬年歷史的死火山。有
南海觀音像坐落於西樵山七十二峯之
一的大仙峯頂。

❽ **廣東醒獅**：屬於獅舞中的南獅，是
（粵）一種地道的廣東傳統民間舞蹈。

❾ **廣州從化北回歸線標誌塔**：目前世
（粵）界上南北回歸線上高度最高、規模最
大的一座標誌塔。

❿ **開平碉樓**：兼具居住和防衞功能，
（粵）集中西方建築形式於一體的多層塔樓
式建築。

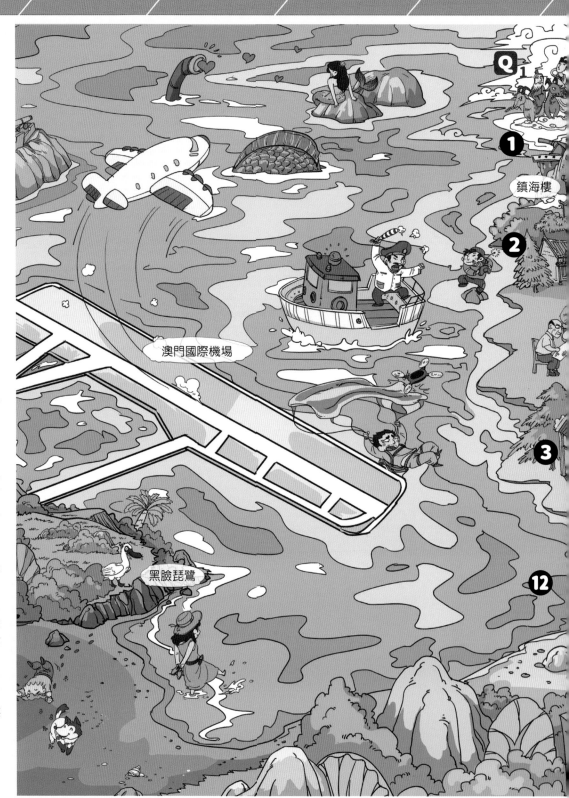

鎮海樓

澳門國際機場

黑臉琵鷺

⑪ 廣州塔：總高 600 米，由於廣州塔的形狀像女生纖細的腰肢，被人們親切地稱為「小蠻腰」。

⑫ 伶仃洋：也作「零丁洋」，南宋末年愛國詩人文天祥曾在此地寫下《過零丁洋》的千古正氣詩篇。

⑬ 獵德大橋：一座獨塔自錨式懸索橋。在同類橋樑的排名中，位居全國第一、全球第二。

⑭ 宋井：南宋末年，元兵南下，南宋王朝不斷南逃，一直逃到了南澳島。據說當時為了解決飲水問題，他們在澳前村一帶挖了三口井，現在流傳下來的宋井就是其中一口。

⑮ 六榕寺：蘇東坡到這裏遊覽時，看到寺內有六株老榕樹，就欣然題寫「六榕」二字，後來人們就稱這裏為「六榕寺」了。

Q₁ 廣州為甚麼被稱為「羊城」？

傳說在西周時，廣州出現了災荒，農業失收，民不聊生。一天，南海上空忽然出現了五朵彩雲，五位身穿彩衣的仙人分別騎着五隻口銜稻穗的仙羊來到人間。仙人們將稻穗送給當地人，並祝願此地五穀豐登，永無饑荒。後來，五隻山羊化作石頭留了下來，一直保佑着廣州風調雨順，這就是廣州「羊城」和「穗城」別名的由來。

1 粵 **西沖海灘**：深圳最大的沙灘。

2 瓊 **洛基粽子**：一種在餡料中加入鹹魚肉的粽子，鮮美可口，產於海南省儋州市的洛基鎮。

3 瓊 **海南龍血樹**：傳說，古時巨龍與大象交戰，巨龍血灑大地，後來從這片土壤中長出來的植物便是龍血樹。當龍血樹受到損傷時，就會流出深紅色的像血漿一樣的汁液。龍血樹也是一味名貴的中藥材。

4 瓊 **木蘭燈塔**：被稱為「亞洲第一燈塔」。

5 瓊 **南山海上觀音**：世界上最大的觀音像，高 108 米，蔚為壯觀。

6 瓊 **天涯海角**：海南島也叫「瓊島」，是古時候朝廷流放犯人的地方，因此被人稱為「天涯海角」。郭沫若先生於 1961 年在此題下了「天涯海角遊覽區」7 個大字。

7 瓊 **東山嶺**：三峯並峙，形似筆架，歷史上又叫「筆架山」。

8 瓊 **南天一柱**：高約 7 米，正面看像一個石頭，側面看像一艘古船上升起的雙桅帆。第 4 套兩元人民幣背面印的圖案就是「南天一柱」。

9 瓊 **椰夢長廊**：環三亞灣修建的一條著名的海濱風景大道。

10 瓊 **船型屋**：一種黎族傳統房屋。

11 瓊 **棕櫚樹**：一種用途很多的樹木。樹幹可以做建材，葉鞘纖維可以做掃帚、蓑衣、床墊，樹皮可以做繩索，葉子可以做防雨棚蓋，花、果、根都可以入藥。

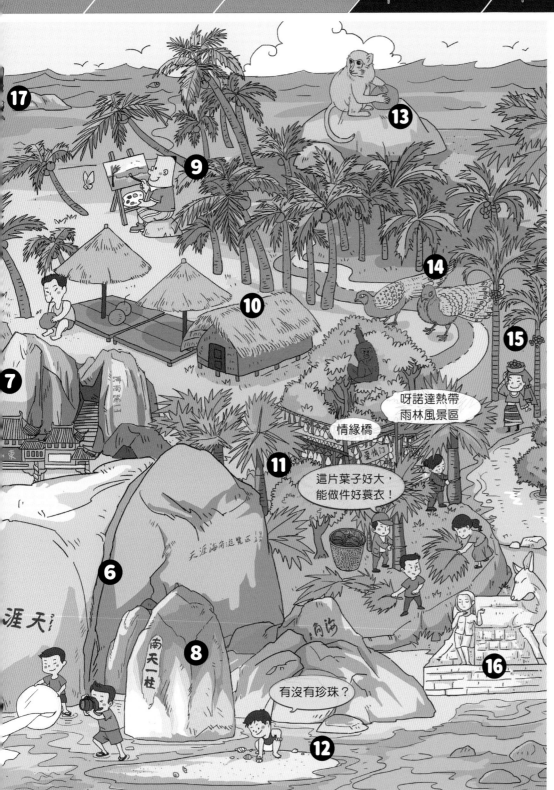

12 瓊 **玉帶灘**：一條自然形成的地形狹長的沙灘半島，又叫「金沙灘」。

13 瓊 **南灣猴島**：中國乃至全世界唯一的一個島嶼型獼猴自然保護區。

14 瓊 **海南孔雀雉**：國家一級保護動物，數量非常少，主要分佈在海南島西南部的山林中。

15 瓊 **檳榔谷**：位於三亞甘什嶺自然保護區內著名的少數民族旅遊風景區。在此可以體驗黎苗二族的風土人情。

16 瓊 **鹿回頭**：因為一段鹿仙女和黎族小伙子的愛情傳說而得名。

17 瓊 **金斑喙鳳蝶**：中國唯一的蝶類國家一級保護動物。

18 瓊 **海陸蛙**：別稱「海蛙」，其活動範圍一般不超出鹹水環境 50 至 100 米，所以被稱為「海蛙」。

Q₁ 中國南海都包括哪些地方？

中國南海諸島包括東沙群島、西沙群島、中沙群島和南沙群島。中華民族在南海的活動已有 2000 多年歷史。

❶ 海口石山火山群：火山區保存着被譽為海口市「綠肺」的熱帶原生林。
瓊

❷ 光村沙蟲：也叫「海腸子」，是一種高蛋白的補品，盛產於海南儋州。
瓊

❸ 鼻簫：黎族的特色民族樂器，一種用鼻子演奏的簫。
瓊

❹ 紅樹林：生長在陸地與海洋交接帶的灘塗淺灘，屬於陸地向海洋過度的特殊生態系統。
瓊

❺ 獨秀峯：氣勢雄偉的山峯，素有「南天一柱」之稱。
桂

❻ 九馬畫山：灘江邊著名的景觀之一。相傳畫屏中的九匹駿馬本為天宮神馬，但由於時任「弼馬溫」的孫悟空疏於看管，這九匹神馬得以偷下凡間，來到灘江邊飲水，被江邊的畫工發現後受到驚嚇，誤入石壁中永遠留在了人間。
桂

❼ 博鰲亞洲論壇：由 25 個亞洲國家和澳大利亞共同發起，涉及經濟、社會、環境等領域的高層論壇。
瓊

❽ 亞龍灣：西北三面青山環繞，被稱為「天下第一灣」。
瓊

❾ 陽朔西街：廣西桂林市陽朔縣的一條歷史悠久的街道。上世紀 70 年代初，陽朔對外開放，外國遊客日益增多，甚至許多外國友人在此開店、成家，因此西街又被稱為「洋人街」。
桂

❿ 蠟皮蜥：主要棲息於南方海濱地區，當蠟皮蜥遇到危險時，會展開肋骨，展現腹部兩側鮮豔的皮褶恐嚇敵人。
瓊

桂林山水

大清郵政北海
分局舊址

壯族　　對歌

桂林米粉

梧州龜苓膏

荔浦芋頭

⑪ **玳瑁**：現存最古老的爬行動物之一。

⑫ **鱟**：海生節肢動物，被譽為「活化石」，牠的身體樣貌與現在出土的、距今 4 億多年前的鱟化石一模一樣。

⑬ 桂 **北海老街**：一條有着 100 多年歷史的老街，沿街全是中西合璧的騎樓式建築，被歷史學家和建築學家們譽為「近現代建築年鑒」。

⑭ 桂 **左江斜塔**：又名「歸龍斜塔」，建在左江中的石頭島上，處於急灣激流之中，地勢驚險。自明代建成後雖已歷時 300 多年，屢遭洪水沖刷，風吹日曬，仍然屹立不倒，充分體現了中國古代人民建築技術的高明。

⑮ 桂 **劉三姐**：壯族民間傳說中的人物，歌聲非常動聽，被族人譽為「歌仙」。

⑯ 桂 **南寧大橋**：世界首座大跨徑、曲線樑、非對稱外傾拱橋。

Q₁ 桂 **為甚麼說「桂林山水甲天下」？**

桂林擁有獨特的喀斯特地貌，這裏的山千姿百態，這裏的水蜿蜒曲折，大自然的鬼斧神工把一個「山青、水秀、洞奇、石美」的桂林呈現在我們面前，如此絕美的視覺盛宴在中國國內堪稱第一，因此自古就有「桂林山水甲天下」的美譽。

① **靈渠**：世界上最古老的運河之一，於公元前 214 年鑿成通航。
（桂）

② **古樹吞碑**：靈渠畔的自然奇觀。這裏有一棵已經 780 多歲高齡的重陽樹，它正在「吞吃」一塊乾隆十二年的古碑，並且此樹還在以每 3 年 1 釐米的速度繼續「吞吃」着古碑。
（桂）

③ **灕江風景區**：世界上規模最大的岩溶山水遊覽區。第 5 套人民幣中，20 元紙幣背面的圖案就是灕江美景。
（桂）

④ **拋繡球**：壯族最為流行的傳統體育項目之一。
（桂）

⑤ **象鼻山**：原名「灕山」，由於山峯的形狀酷似一頭正在把鼻子伸進水中溪水的大象，所以被稱為「象鼻山」。
（桂）

⑥ **壯錦**：中國四大名錦之一。
（桂）

⑦ **天坑**：一種存在於山林間的、坑底與地下河相連接的大坑。
（桂）

⑧ **三江鼓樓**：被譽為「世界第一鼓樓」。
（桂）

⑨ **柳侯公園**：為紀念曾任柳州刺史的唐代大文豪柳宗元而建的公園。
（桂）

⑩ **龍脊梯田**：景觀開闊，氣勢磅礴，有「梯田世界之冠」的美譽。
（桂）

⑪ **馬胖鼓樓**：廣西唯一被列為全國重點文物保護單位的鼓樓，也是全國僅有的三座「國寶」侗族鼓樓之一。
（桂）

⑫ **德天瀑布**：亞洲第一大跨國瀑布，橫跨中國、越南兩個國家。
（桂）

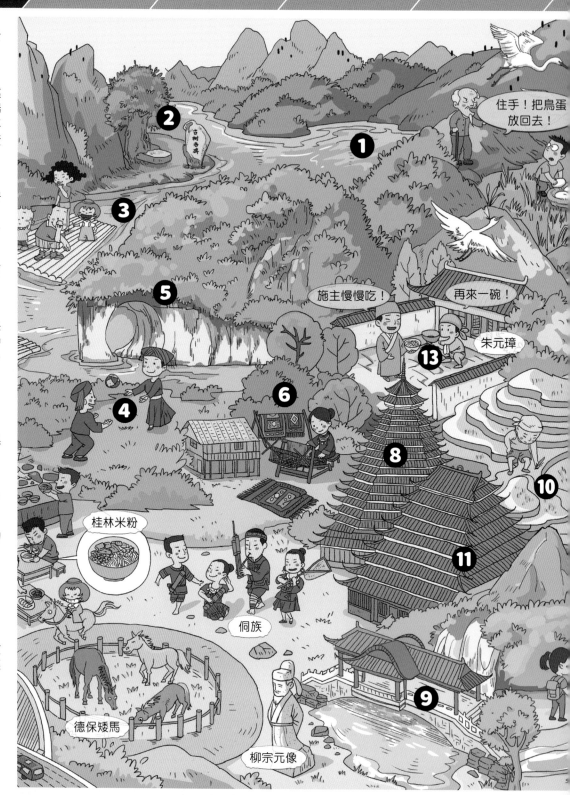

⑬ 尼姑素麵：傳說，當年朱元璋被元軍追捕，一路逃到了廣西的一座尼姑庵，老尼姑將餓昏在大門口的朱元璋救起，煮了素麵讓他充飢。後來朱元璋做了皇帝，久久難忘落魄時尼姑給他煮的麵，便派人南下尋找老尼姑，可惜她已經去世。朱元璋聽後十分悲傷，遂親筆寫下「尼姑麵」三個字，派人送到了尼姑庵。從此，尼姑麵名聲大噪。

⑭ 赤水丹霞：中國面積最大的丹霞地貌。2010 年 8 月 1 日，包括赤水丹霞在內的 6 處中國丹霞地貌風景區以「中國丹霞」為統稱被列入了《世界遺產名錄》。

⑮ 京族人與鷺鳥：在廣西陳屋山，居住着姓陳的京族人，他們常年守護着山上的鷺鳥。在京族人心中，鷺鳥是上天的使者，保護鷺鳥也就是保護天賜的福祉。

⑯ 織金洞：擁有 40 多種岩溶堆積形態，被稱為「岩溶博物館」。

⑰ 黔驢技窮：相傳，古時候的黔（今貴州一帶）沒有驢，有人從外地帶來了一頭驢放在這裏。山上的老虎第一次見到驢被牠的叫聲嚇了一跳，後來發現驢只會啼叫和踢腿，沒有甚麼本事，便將牠吃掉了。這個成語用來比喻有限的一點本領也已經用完了。

⑱ 夜郎自大：秦漢時期，西南邊（今貴州附近）有個閉塞的小國叫夜郎國，交通不便，與外界很少有來往。接見漢朝來的使者時，他們甚至以為夜郎能與漢朝相比。後來，人們用「夜郎自大」來比喻驕傲無知的自大行為。

❶ **黃果樹瀑布**：世界著名大瀑布之一，
（貴）以水勢浩大著稱，屬於喀斯特地貌中的侵蝕裂典型瀑布。

❷ **布福娜**：苗族人民世代栽培的水果。
（貴）「布福娜」在苗語中的意思是「美容長壽之果」。

❸ **清水江風雨橋**：截至 2014 年，是
（貴）世界最長、最寬的風雨橋。

❹ **青岩古鎮**：貴州四大古鎮之一，原
（貴）為軍事要塞。

❺ **馬嶺河峽谷**：位於黔西的大峽谷，
（貴）谷內群瀑飛流，翠竹倒掛，溶洞相連，擁有「地球上一道美麗的疤痕」之美譽。

❻ **紅崖古蹟**：原名「紅岩碑」，巨大
（貴）的淺紅色碑上有多個紅色文字，關於文字內容眾說紛紜，成了千古之謎，被譽為「黔中第一奇跡」。

❼ **百里杜鵑**：一片罕見的原始杜鵑林，
（貴）被譽為「地球彩帶」。花開時節，姹紫嫣紅的杜鵑花綿延百里，景色頗為壯麗。

❽ **西江千戶苗寨**：中國目前最大的苗
（貴）族聚居村寨。

❾ **中國杉王**：一顆巨大的杉樹，它的
（貴）樹幹又粗又壯，需要七八個成年人牽手合抱才能將它圍住。

❿ **石板房**：布依族的傳統民居，以石
（貴）條或石塊砌墻，再把石板蓋在上面當房頂。

竹蓀
杜鵑花
苗族蠟染

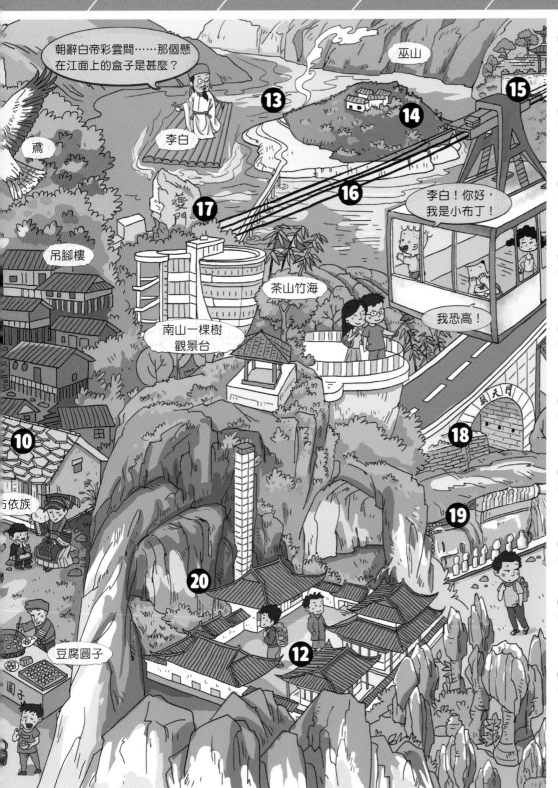

⓫ 貴 **蘆笙舞**：苗族、彝族、土家族等民族的傳統舞蹈，許多苗族人從小就學習吹蘆笙和跳蘆笙舞。

⓬ 渝 **天福官驛**：始建於唐代，是古代涪州（今重慶市附近）和黔州之間傳遞官方資訊的重要驛站。

⓭ 渝 **長江三峽**：全長 193 公里，位於重慶市和湖北省境內的長江幹流上，由瞿塘峽、巫峽和西陵峽組成。

⓮ 渝 **奉節白帝城**：白帝城有「詩城」的美譽，很多著名詩人在遊歷三峽時，都曾寫詩讚美過這裏。

⓯ 渝 **磐石城**：宋代時，為了防禦外敵入侵而修建的城寨，至今四周仍保留着 500 米左右的宋代城牆。

⓰ 渝 **長江索道**：全場 1166 米的大型跨江客運索道，是重慶獨有的「山城空中公共汽車」。

⓱ 渝 **夔門**：又名「瞿塘峽」，是三峽最西邊的入口，長江水就是從這裏流入三峽的。

⓲ 渝 **朝天門**：重慶重要的交通樞紐，是重慶以前 17 座古城門之一。

⓳ 渝 **大足石刻**：繼莫高窟之後第二個被列入《世界遺產名錄》的中國石窟，有「東方藝術明珠」之稱。

⓴ 渝 **武隆天生三橋風景區**：天生三橋由天龍橋、青龍橋、黑龍橋組成，是世界上最大的天生橋群。

Q₁ 重慶為甚麼叫「巴渝」？

商周時期，巴國的國都駐地在現在的重慶江北區，所以秦代稱這裏為「巴郡」。又因流經重慶的嘉陵江古時被稱為「渝水」，隋文帝又把這裏改名為「渝州」。所以後人習慣把重慶稱為「巴渝」。

❶ 萬壽寨：明代末年著名女將秦良玉築寨禦敵的古戰場。

❷ 洪安古鎮：據說是沈從文中篇小說《邊城》的原型地。

❸ 山城步道：「步道」就是只能步行不能通車的小道。過去，重慶人常在山間穿行，長此以往便走出了許多條盤山的步道。如今，這些步道不僅保存了歷史風貌，更增添了許多現代元素，形成了獨具重慶地方特色的山城步道。

❹ 磁器口古鎮：明清時期嘉陵江下游的物資集散地，是重慶市重要的水路碼頭。

❺ 洪崖洞：一處具有 2300 多年歷史的吊腳樓建築群，見證了重慶歷史文化的演變。

❻ 棒棒軍：曾經重慶街頭常見的臨時搬運工，也是重慶獨有的一種勞動力。隨着現代生活水平的提高，重慶的棒棒軍逐漸消失了。

❼ 解放碑：1950 年劉伯承元帥為石碑題名「重慶人民解放紀念碑」，民眾將之簡稱為「解放碑」。解放碑記錄了重慶的歷史與文化，是重慶核心的歷史名片。

朝天門長江大橋

雲豹　尖吻蝮

酒紅朱雀

九宮格火鍋

孩子快下來！絕不可以攀爬扶梯，太危險了！

十八梯

巴蜀同

重慶小麵

杜甫

萬里橋西一草堂，百花潭水即滄浪。

小米椒

辣椒挑戰賽

冷鍋串串

四川臘肉

麻辣兔頭

紅墻竹影

西昌衛星發射中心

8 渝 **萬盛石林**：中國目前考證的最為古老的石林，被譽為「石林之祖」。

9 渝 **峨眉山金頂**：海拔 3077 米，位於峨眉山主峯上。

10 渝 **峨眉山一線天**：高 200 餘米，寬約 6 米，最窄之處只有 3 米，只能容兩人側身而過。「一線天」是一種特殊的侵蝕地貌。

11 川 **紫色土**：在中國，紫色土主要分佈在四川盆地，是盆地周圍的紫色砂岩等經過頻繁的風化作用和侵蝕作用而形成的。

12 川 **杜甫草堂**：唐代詩人杜甫的故居，他先後在這裏居住了近四年，創作詩歌 240 餘首。

13 渝 **皇冠大扶梯**：重慶的山非常多，人們上山下山不方便，因此許多自動扶梯應運而生，既方便了交通，又節省了人們的出行時間。

Q₂ 渝 **重慶的交通怎麼都這麼奇怪？**

重慶是典型的山城，給人最大的感覺就是出門見山。聰明的重慶人因地制宜，發明了許多適合山地的特色交通工具及交通設施，比如穿梭於山間的輕軌列車，這些交通工具和設施也逐漸成了代表重慶人文特色的標誌。

14 川 **武侯祠**：中國唯一的一座君臣合祀祠廟，是為了紀念諸葛亮而修建的祠堂，因諸葛亮生前被封為武鄉侯而得名。成都武侯祠是全國影響力最大的三國遺跡博物館。

15 川 **蜀繡**：四大名繡之一，與蜀錦一起被稱為「蜀中之寶」。

❶ **西嶺雪山**：最高峯大雪塘海拔 5364
川 米，山頂終年積雪，有「成都第一峯」
之稱。

❷ **九曲黃河第一灣**：俗話說「天下黃
川 河九曲十八灣」，「九曲」是唐代對
貴德以上黃河段的稱呼。

❸ **都江堰**：迄今為止仍在使用的、全
川 世界建造年代最久的以無壩引水為特
徵的大型水利工程，由戰國時代秦國
的李冰父子組織修建。

❹ **薛濤箋**：唐代有名的箋紙，由唐代
川 著名女詩人薛濤設計的一種紅色小幅
詩箋，也叫「浣花箋」。

❺ **黃龍**：主景區黃龍溝被譽為「人間瑤
川 池」，內有許多彩池，會隨着周圍景
色變化或陽光照射角度變化呈現出不
同的色彩。

❻ **九寨溝**：一條縱深 50 餘公里的山溝
川 谷底，中國第一個以保護自然風景為
主要目的的自然保護區。

❼ **樂山大佛**：中國最大的刻於岩壁上
川 的造像，也叫「凌雲大佛」。

❽ **三星堆遺址**：西南地區青銅時代的
川 古蜀文化遺址。青銅人面具是遺址中
出土的極具特點的青銅器。

❾ **三江並流**：發源於青藏高原的金沙
雲 江、瀾滄江和怒江這三條大江在雲南
省境內自北向南並行奔流，形成了世
上罕見的「江水並流而不交匯」的獨
特景觀。

❿ **玉龍雪山**：中國最南端的雪山。
雲

58

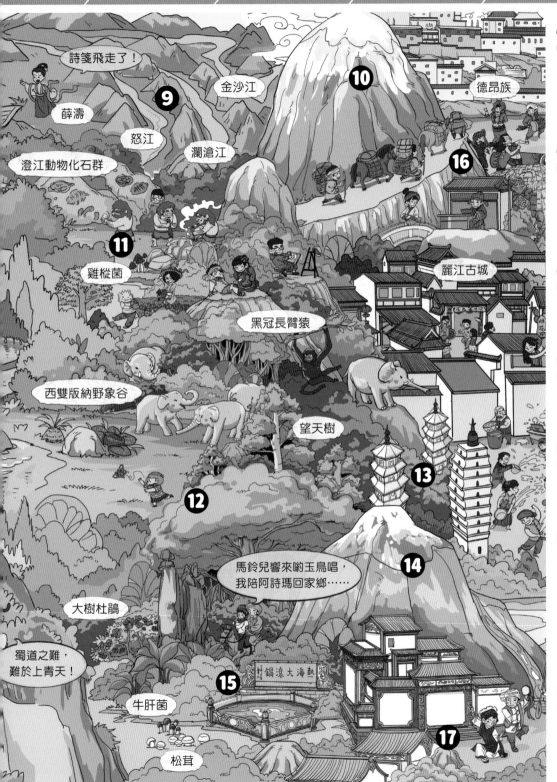

11 元謀人：因發現地點在雲南元謀縣而被定名為「元謀直立人」，俗稱「元謀人」。科學家們通過對元謀人使用的石器進行研究，證明了元謀人所處的時期為舊石器時代早期，但具體時間卻一直沒有定論。

12 獨樹成林：這是一顆有 900 多年樹齡的老榕樹，樹高 500 多米，樹幅面積 2000 多平方米，枝葉既像一道籬笆，又像一道綠色的屏障，成為熱帶雨林中的一大奇觀，打破了「單絲不成線，獨樹不成林」的常規。

13 崇聖寺三塔：由一座大塔和兩座小塔組成。大塔又名「千尋塔」，是典型的密簷式空心四方形磚塔，兩座小塔則是八角形密簷式空心磚塔。

14 蒼山：蒼山上的雪經年不化，是素負盛名的大理「風花雪月」四景之一。盛夏時節，山腰已被翠綠環繞，而山頂卻依然白雪皚皚，堪稱奇景。

15 熱海大滾鍋：雲南騰沖地熱風景區最著名的景點之一，溫泉的水溫高達 90 攝氏度以上，人還沒走近，就能感到層層熱浪迎面撲來。

16 茶馬古道：茶馬古道最初源於唐宋時期的西南邊疆的「茶馬互市」。當時，藏區不產茶卻對茶葉有需求，而內地經年戰亂，所以對藏區的馬匹需求量很大。商人們穿梭在陡峭崎嶇的橫斷山脈之間，促進了藏區與內地間的貿易往來，久而久之，就形成了這條延續至今的「茶馬古道」。

17 白族民居：精美的雕刻和繪畫裝飾使白族人的傳統民居堪稱藝術品。

① 香格里拉：「香格里拉」藏語意為「心中的日月」。英國作家詹姆斯‧希爾頓曾在《消失的地平線》中形容香格里拉是一個永恆、和平、寧靜的地方。

② 千龜山：由於風化作用，岩石表面形成了神奇的龜裂狀紋路，遠遠看去就像很多排列有序的小龜趴在山上。千龜山是中國迄今為止發現的海拔最高的丹霞地貌區。

③ 古格王朝遺址：公元 9 世紀中葉，吐蕃王朝瓦解後，一小部分後裔建立了古格王朝。遺址中保留了大量的雕刻、造像和壁畫。

④ 茶雕：通過模具把茶葉壓製成不同造型的藝術品。

⑤ 孔雀舞：孔雀是傣族人民心目中的「聖鳥」，是智慧與美麗的化身。孔雀舞就是傣族人民模仿孔雀的動作神態而創造的一種十分優雅且富有民族風情的舞蹈。

⑥ 潑水節：傣族一年中最盛大的傳統節日，每年 4 月中舉行，一般持續 3 至 7 天。節日期間，大家會互相潑灑清水，祈求洗去過去一年的不順。

⑦ 火把節：每年的農曆六月二十四日，彝族都會舉辦盛大的火把節。火把節又叫「星回節」，在彝族傳說中，「星回」意味着新的一年的開始，所以火把節相當於彝族的新年。

⑧ 洱海：雖然稱之為海，但它其實是一個湖泊。據說由於湖面的形狀像一隻耳朵，所以被命名為「洱海」。每到中秋節的晚上，白族人就會泛舟於洱海之上，以別樣的角度去欣賞倒映在水中的月亮。

哈尼族
橫斷山脈
基諾族
普米族
景頗族
納西族
拉祜族　布朗族
黑鸛
犛牛
藏獒
傣族
竹竿舞

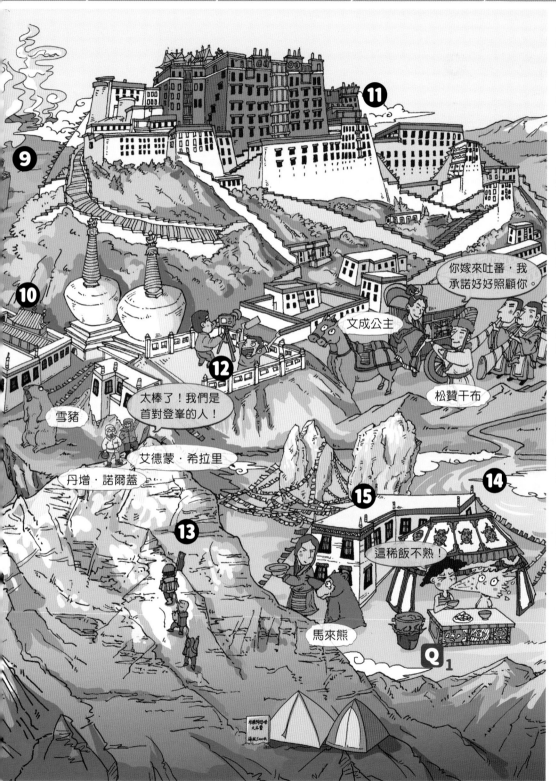

⑨ 藏 羊八井地熱電廠站：中國目前最大的地熱實試基地。

⑩ 藏 大昭寺：歷史悠久的一座寺院，最初叫「惹薩」，但漸漸人們開始用「惹薩」來稱呼大昭寺所在的城市，後來「惹薩」又演變成了「拉薩」。

⑪ 藏 布達拉宮：西藏最龐大、最完整的古代宮堡建築群，最初是松贊干布為迎娶文成公主而興建的。

⑫ 藏 藥王山照景台：這裏是拍攝布達拉宮的最佳位置。現流通的第 5 套人民幣中，50 元紙幣背面的布達拉宮圖案就是在這裏拍攝的。

⑬ 藏 喜馬拉雅山：世界上海拔最高的山脈，平均海拔達 6000 米以上。喜馬拉雅山脈的珠穆朗瑪峰是世界上海拔最高的山峯。

⑭ 藏 納木錯：西藏三大聖湖之一。

⑮ 藏 碉房：青藏高原以及內蒙古部分地區常見的民族建築。

Q 藏 1 為甚麼在高原上煮飯煮不熟呢？

水的沸點是隨着氣壓的高低而變化的，高原上的氣壓低，水的沸點就低。平原地區水的沸點是 100°C，而在平均海拔 4000 米以上的青藏高原，大部分地區水的沸點在 84°C 到 87°C，在這個溫度區間，雞蛋都無法煮熟，更不用提煮飯了。

1 藏 **哈達**：藏族、蒙古族表示敬意和祝賀的一種長條絲織品。

2 藏 **卓舞**：藏族傳統舞蹈，藏語意為「腰鼓舞」。

3 藏 **扎木年**：俗稱「藏族六弦琴」，一種伴奏樂器。「扎木年」的藏語意為「喜音悅耳的琴」。

4 藏 **雅魯藏布大峽谷**：世界上最深的峽谷，大峽谷區域中含有多個瀑布。

5 藏 **那根拉山口**：通往聖湖納木錯的必經之路。

6 藏 **瑪尼堆**：用大小不等的石塊、石板和卵石等疊成的「祭壇」。

7 藏 **通麥天險**：全長 14 公里，山體土質較為疏鬆，附近遍佈雪山河流，容易發生泥石流和塌方，是非常危險的一段路。

8 藏 **青稞**：生長在青藏高原等高海拔地區的穀物，是藏族人的主要糧食作物。

9 藏 **青藏鉄路**：被譽為「天路」，是目前世界上海拔最高、在凍土上路程最長的高原鐵路。

10 青 **可可西里**：因為惡劣的自然條件，人類無法在此地長期居住，但正因為這樣，這裏才能完美地保存下原始的生態環境。

11 青 **茶卡鹽湖**：位於青海省的天然結晶鹽湖。天氣晴朗的時候，湖面會倒映出美麗的藍天白雲，被譽為中國版「天空之鏡」。

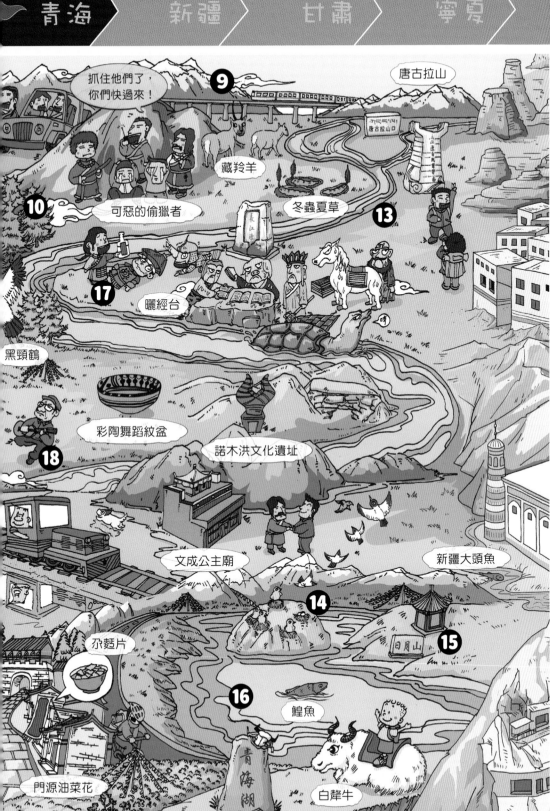

12 青 丹噶爾古城：明清時期「茶馬互市」的重要交易地點。

13 青 三江源：長江、黃河和瀾滄江的匯水區。

14 青 青海湖鳥島：島上棲息着數以十萬計的候鳥，因此得名「鳥島」。

15 青 日月山：中國外流區域與內流區域、季風區與非季風區、黃土高原與青藏高原的分界線，也是青海省內農業區與牧業區的分界線。

16 青 青海湖：中國最大的內陸湖和鹹水湖，藏語名「措溫布」，意為「青色的海」。

17 藏 「仙賜草」的典故：據說，清朝康熙皇帝御駕親征西部高原來解決動亂問題時，隨行的士兵大多出現了高原反應。這時候，當地藏民獻來了紅景天藥酒，士兵飲用後高原反應就消失了，康熙便為紅景天賜名「仙賜草」。

Q₁ 藏 牧民們為甚麼要曬犛牛糞？

犛牛糞曬乾後就是天然的燃燒材料，牧民們用犛牛糞生火就像我們用柴火生火一樣。

18 青 王洛賓：西北民歌之父。在金銀灘寫下了著名歌曲《在那遙遠的地方》。

❶ **新** 烏爾禾風城：典型的雅丹地貌，呼嘯的風穿梭在風蝕形成的石柱間，經常發出恐怖的聲響，讓人不寒而栗。

❷ **新** 喀什噶爾古城：世界上規模最大的生土建築群之一。

❸ **新** 鐵門關：古代絲綢之路中段的必經之路。

❹ **新** 香妃墓：傳說，乾隆皇帝的愛妃「香妃」埋葬在這裏，但根據考證，「香妃」的確切埋葬地點應為河北的裕陵妃園寢。

❺ **新** 克孜爾石窟：中國地理位置最西邊的大型石窟群。

❻ **新** 木刻楞：俄羅斯族傳統民居。

❼ **新** 搶羊皮：一對圖瓦新人結婚時，女方會拿出一張羊皮，由男方迎親的人來爭搶。勝利者將羊皮獻給當場的長者，長者再將羊皮掛在門前，以表示對新人的祝福。

❽ **新** 白哈巴村：被稱為「西北第一村」。滿山的白樺林和圖瓦人用原木搭成的房子是白哈巴村的獨特風景。白哈巴村有個直徑超過 1 米的老樹墩，它存在的時間非常久，沒有人能說出它的來歷，於是浪漫的人們就為它樹起了一塊牌子，上面寫着「我忘了自己的年齡」。

❾ **新** 新疆國際大巴扎：「大巴扎」是維吾爾語裏「集市、農貿市場」的意思。新疆國際大巴扎是世界上規模最大的大巴扎。

俄羅斯族

亞洲大陸地理中心標誌塔

新疆大劇院

新疆舞

新疆手鼓

烤羊肉串

烤饢

純錫酒壺

地毯

哈密瓜

香料

伊犁解憂公主薰衣草香草園

這些薰衣草能夠提煉成精油，不僅可以美容，還有緩解失眠的效果呢！

那拉提草原

馴鷹的塔吉族人

塔里木兔

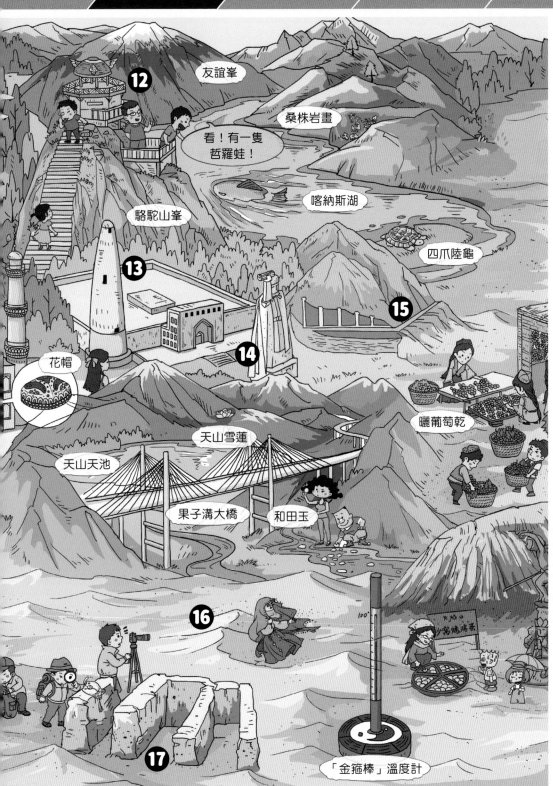

⑩ 新 鷹笛：因為由鷹的翅膀骨製成而得名。鷹笛有兩種，一種是藏族鷹笛，另一種是塔吉克族鷹笛。塔吉克族人常用鷹的一對翅膀骨做成兩支左右相襯、大小及開孔完全一致的鷹笛，這樣吹奏起來音調也是完全相同的。

⑪ 新 羅布泊：曾經位於塔里木盆地東邊的鹹水湖，因酷似人的耳朵而被譽為「地球之耳」，後來由於人為原因而乾涸消逝。

⑫ 新 觀魚台：有 1068 級台階，是飽覽喀納斯湖美景的最佳平台。

⑬ 新 蘇公塔：新疆現存最大的古塔。

⑭ 新 額敏和卓雕像：額敏和卓是清乾隆時期新疆吐魯番的維吾爾貴族，也是一位傑出的愛國者。他不僅積極推動邊疆地區的農業生產，更為祖國統一與民族團結做出了巨大的貢獻。

⑮ 新 坎兒井：荒漠地區一種特殊的灌溉系統，主要通過截取地下水來進行農田灌溉並解決人們的日常用水問題。

⑯ 新 塔克拉瑪干沙漠：位於塔里木盆地中心，是中國最大的沙漠，也是世界第二大流動沙漠。

⑰ 新 樓蘭古城遺址：樓蘭古國是一個充滿了神秘色彩的小國，曾在古絲綢之路上佔有重要地位，後來樓蘭古國突然消失，留給了後人許多未解之謎。

❶ **莫高窟**：中國四大石窟之一，俗稱
「千佛洞」，坐落在河西走廊西邊的
敦煌。第 158 窟的涅槃佛是莫高窟
涅槃佛中最大的一尊。

❷ **敦煌鳴沙山**：中國四大鳴沙山之一。

❸ **火焰山**：中國最熱的地方，這裏是
典型的大陸性乾旱荒漠氣候。

❹ **戈壁**：指地面幾乎被粗沙、礫石所覆
蓋，植物稀少的荒漠地帶。

❺ **月牙泉**：因其彎曲如新月而得名，
有「沙漠第一泉」之稱。

❻ **酒泉衞星發射中心**：中國最早建成
的運載火箭發射試驗基地。

❼ **飛天**：魏晉南北朝時，曾把壁畫中的
飛仙稱為「飛天」，飛天形象是莫高
窟壁畫中的經典形象。

❽ **嘉峪關**：萬里長城西端終點，有「天
下第一雄關」之稱。

❾ **武威三套車**：即涼州餶饸、臘肉和
冰糖紅棗茯苓。

❿ **麥積山石窟**：中國四大石窟之一，
因形似麥垛而得名。

⓫ **馬家窯遺址**：黃河上游新石器時代到
青銅時代的遺址，出土了大量獨具特
色的橙黃色彩陶。

⓬ **玉門關**：漢代重要的軍事關隘，也
是絲綢之路上必經的交通要道。

⑬ 雅丹國家地質公園：風蝕作用形成的地質遺跡，其中最壯麗的景觀莫過於「西海艦隊」。千奇百怪的風蝕山丘竟然錯落有致地排列於沙海之上，遠遠望去，就好像一支龐大的艦隊在大海中航行。

⑭ 絲綢之路：以中國為始發點，向亞洲中部、西部及非洲、歐洲等地運送絲綢等物品的交通道路總稱，起源於西漢時期。

⑮ 馬蹄寺：傳說曾有天馬在此飲水，落有馬蹄印，因此得名。

⑯ 黃河劍齒象化石：目前世界上發現的個體最長、保存最完整的劍齒象化石之一。

⑰ 羊皮筏子：用吹起來的羊皮做成的筏子，是渡黃河的工具之一。

⑱ 黃河鐵橋：天下黃河第一橋。

⑲ 祖師麻：一種中藥材，具有祛風通絡、散瘀止痛之效。

⑳ 沙棗：一種抗旱、抗風、耐鹽鹼、耐貧瘠的植物，果實呈橢圓形。天然沙棗只分佈在降水量低於 150 毫米的荒漠和半荒漠地區。

㉑ 蘭州太平鼓：蘭州市的傳統舞蹈，具有 600 多年歷史，有慶賀新年太平之意。

㉒ 反彈琵琶像：敦煌市的標誌性建築物之一，位於市區正圓花壇環島的中心。

❶ **彩虹山**：張掖丹霞地貌。
（甘）

❷ **馬踏飛燕**：關於馬踏飛燕的傳說眾
（甘）說紛紜，但青銅器「馬踏飛燕」卻是
中國的國寶級文物，現在藏於甘肅省
博物館。

❸ **崆峒武術**：創於崆峒山的武術流派。
（甘）崆峒派武術特點是「奇兵」，其兵器
形式各種各樣，小巧玲瓏，攜帶方
便，不易被對方發現，交手中往往能
出奇制勝。

❹ **牧人取水**：尕海湖的水是鹹水，不
（甘）能食用。牧民通常會在尕海湖邊的某
一沙窩裏刨個坑，舀上從沙窩裏滲出
來的水，然而神奇的是這水是可以飲
用的淡水。

❺ **黃沙古渡**：一處古老的黃河渡口，
（寧）明清寧夏八景之一。

❻ **賀蘭山岩畫**：古代在賀蘭山生活過
（寧）的遊牧民族留下的。

❼ **三關口明長城**：古代銀川城防的「四
（寧）險」之一。

❽ **灘羊**：灘羊的皮是製作皮衣、皮具的
（寧）上等材料。

❾ **一百零八塔**：古代塔群，因共有
（寧）108 座塔而得名。

❿ **河東牆**：寧夏境內的一段明長城。
（寧）

⓫ **鄂托克龍**：距今約 8000 萬年前的
（寧）恐龍，屬名是取自化石發現地的內蒙
古鄂托克旗。

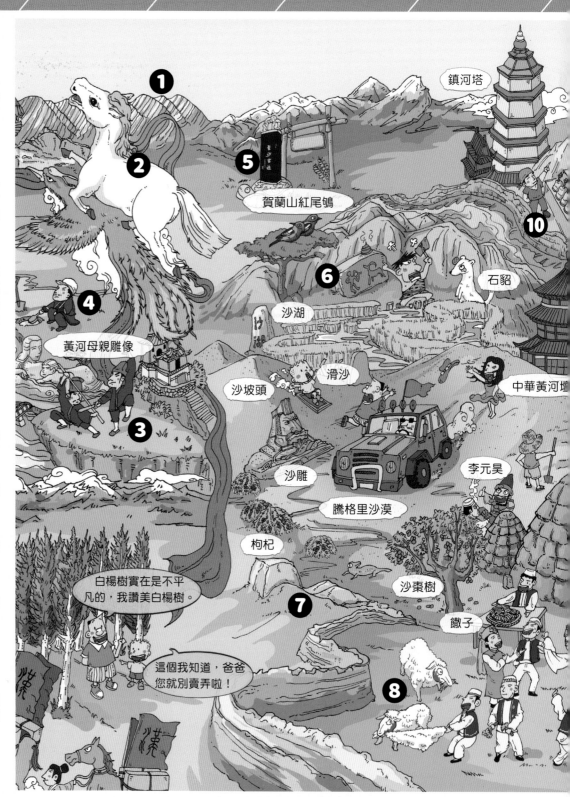

巴丹吉林沙漠

戈壁熊

滿洲里套娃廣場

成吉思汗

黃河

馬奶酒

烤全羊

髮菜

草雕

賀蘭石

甘草

回族

12 寧 青銅峽水電站：中國最早建設的閘墩式水電站。

13 寧 草方格沙障：一種治沙方法。用麥草、稻草、蘆葦等材料將沙地劃分成一個個方格，可以起到防風固沙、涵養水分的效果。

14 蒙 胡楊林：荒漠地區特有的珍貴森林資源。胡楊樹有耐寒、耐旱、耐鹽鹼、抗風沙的特質，生命力很強，常被用來防風固沙，被人們譽為「沙漠守護神」。

15 寧 西夏王陵：古代黨項族曾在西北部建立政權，國號為「夏」，宋人稱為「西夏」。西夏王陵是中國現存規模最大、地面遺址最完整的帝王陵園之一，被世人稱為「東方金字塔」。

16 寧 回族口弦：用箭竹製作的一種小巧的樂器。

17 蒙 滿洲里國門：中國與俄羅斯交界處的乳白色建築。

18 寧 寧夏花兒：一種勞動時唱的山歌，主要流傳於寧夏等西北地方。在對唱中，男方稱女方為「花兒」，女方稱男方為「少年」，這種對人的昵稱後來逐漸演變成歌名。

19 蒙 蒙古族：中國少數民族之一。「蒙古」在蒙古語中意為「永恆之火」。

20 蒙 敖包：用石頭或木塊等疊起來的堆子，原來是道路和境界的標誌，後來演變成蒙古族祈禱豐收的象徵。

21 蒙 套馬杆：放牧時套牲口用的長杆。

❶ 昭君出塞：王昭君是中國古代四大
蒙 美女之一。為了漢朝和匈奴的和平，
她自願出嫁到匈奴，使漢免於邊境爭
端，對加強彼此的友好關係作出了重
要的貢獻。

❷ 黑城遺邊址：古絲綢之路北線上現
蒙 存最完整的古城遺址，由於周邊地區
沙化嚴重，許多遺址被埋於沙下。

❸ 那達慕大會：蒙古族的傳統節日，
蒙 主要進行摔跤、賽馬、射箭、歌舞等
活動。

❹ 呼倫貝爾草原：由呼倫湖和貝爾湖
蒙 而得名，有「牧草王國」之稱。

❺ 五趾跳鼠：因後足第一趾與第五趾
蒙 退化，所以五趾跳鼠看上去好像只有
「三趾」。

❻ 風力發電：把風的動能轉為電能的
蒙 一種可再生能源。

❼ 莫爾道嘎國家森林公園：內有中國
蒙 最後一片溫帶明亮針葉原始林景觀。

❽ 雞血石：因顏色酷似雞血而得名。
蒙

❾ 紅山玉龍：紅山文化是中國已知出
蒙 現最早的文明之一，始於五六千年
前。考古學家在赤峯市發現了代表
紅山文化的典型玉器──紅山文化玉
龍，它被譽為「中華第一龍」。

❿ 紅豆坡：位於莫爾道嘎國家森林公
蒙 園內，因山坡長滿興安紅豆而得名。

⓫ 哈拉哈河：蒙語中「哈拉哈」是「屏
蒙 障」的意思。

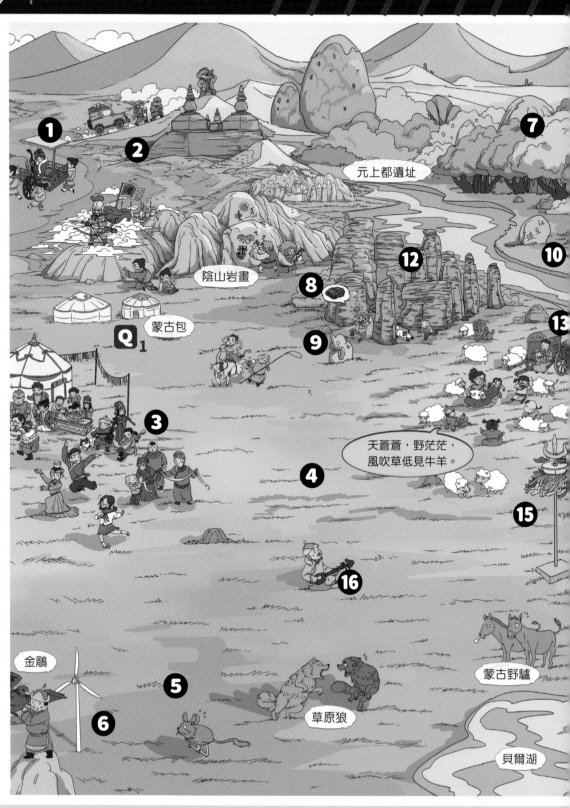

中華鼢鼠

歡迎回來喲～

⑫ 蒙 阿斯哈圖冰石林：由冰川融水沖蝕而成的石林。

⑬ 蒙 勒勒車：又叫「大轆轆車」。勒勒車的車輪很大，車身卻較小，是一種能夠適應北方草原地形和蒙古族生活習慣的交通工具。

⑭ 蒙 呼倫湖：內蒙古第一大湖，中國第五大淡水湖，與貝爾湖為姐妹湖。

⑮ 蒙 蘇魯錠：蒙古的象徵，傳說是戰神的標誌。「蘇魯錠」在家語中是「矛」的意思。

⑯ 蒙 馬頭琴：一種琴柄被雕刻成馬頭形狀的蒙古族傳統樂器。

Q₁ 蒙 為甚麼蒙古族要住在蒙古包裏？

以前，蒙古族為了方便遊牧，經常遷移尋找新的牧場。蒙古包易拆易裝、便於搬遷，還可以就地取材、就地製造。搭建好的蒙古包外形雖小，但包內可使用的面積卻很大，而且空氣流通，採光好，冬暖夏涼不怕風吹雨打，是遊牧民族的最佳選擇。

小布丁帶你遊中國

洋洋兔 編繪

| **責任編輯** 王 玫 | **印務** 劉漢舉 |
| **裝幀設計** 東小月 | **排版** 東小月 |

出版　中華教育

香港北角英皇道 499 號北角工業大廈 1 樓 B
電話：(852) 2137 2338　傳真：(852) 2713 8202
電子郵件：info@chunghwabook.com.hk
網址：http://www.chunghwabook.com.hk

發行　香港聯合書刊物流有限公司

香港新界大埔汀麗路 36 號 中華商務印刷大廈 3 字樓
電話：(852) 2150 2100　傳真：(852) 2407 3062
電子郵件：info@suplogistics.com.hk

印刷　美雅印刷製本有限公司

香港觀塘榮業街 6 號海濱工業大廈 4 字樓 A 室

版次　2020 年 03 月第 1 版第 1 次印刷

©2020 中華教育

規格　正 12 開（240mm x 230mm）

ISBN　978-988-8674-38-1

本作品由新蕾出版社（天津）有限公司授權中華書局（香港）有限公司
在香港、澳門、台灣地區獨家出版、發行繁體中文版。